吉野川住民投票

市民参加のレシピ

武田　真一郎

東信堂

はじめに

本書は、二〇〇〇年一月二三日に徳島市で行われた吉野川可動堰建設の賛否を問う住民投票を中心として、二〇一〇年三月に当時の前原国土交通大臣が可動堰の完全中止を表明するに至るまでの徳島市民の動きを記録したものである。

今日では一〇〇〇兆円にも上るといわれる国と地方の財政赤字を背景として、ようやく大型公共事業の見直しが始まっている。その契機となったのは、大型公共事業の賛否を問う初の投票となった徳島市の住民投票である。その意味でも徳島市の住民投票の経過を正確に記録しておくことには意味があると思われる。それが本書の第一の目的である。

しかし、本書の目的はそれだけではない。今でも日本の各地ではダムを始めとする大型公共事業をめぐる紛争が続いている。それは必要性の乏しい大型公共事業が人の生存の基盤である環境と財政に多大な負担をかけているからであり、多くの人たちがこのような日本の社会のあり方を変えることを望んでいるからであろう。

筆者もこの点ではまったく同感である。徳島では市民が次々と新しい戦略を打ち出し、これまでにない住民運動のスタイルを形成することによって大きな成果を生むことができた。もし、そのプロセスをきちんと紹介することができれば、徳島の成果を全国の人々が取り組んでいる川づくり、まちづくりに活かしていくことができるはずである。それが本書の第二の目的であり、筆者としてはむしろこちらがより重要だと思っている。

そしてもう一つ、第三の目的を明記しておきたい。それは、住民投票のための法制度が未整備な状況の中で、住民投票を実現し、さらにその結果を政治や行政に反映させるためには何が必要なのかを、読者の皆さんとともに考えることである。

二〇一一年三月一一日に発生した東日本大震災は、地震や津波による被害だけでなく、世界でも最悪レベルの放射性物質による惨禍をもたらせた。これを契機として、大阪市の原発市民投票や東京都の原発都民投票など、各地で原子力発電所の稼働の是非を問う住民投票が求められている。その他にも公共事業の賛否を問う住民投票を実施し、あるいは常設型住民投票条例（住民投票の手続きを予め定めておき、一定の署名が集まれば必ず投票を実施する条例をいう）を制定する動きは全国に広がっている。

その反面で、日本では住民投票はまだ新しい民主主義の手法であり、それが本来の機能を発揮するために何が必要であるかについては見落とされている点が少なくない。

例えば、徳島市の住民投票が実施されたのは二〇〇〇年一月二三日のことであるが、徳島市民が吉野川の可動堰計画をめぐる問題に取り組み始めたのは九三年九月であり、投票の実施後、国（当時の前原国土交通大臣）が可動堰計画の完全中止を明言したのは二〇一〇年三月である。徳島市民は、投票前には六年以上にわたって可動堰計画の問題点を解明して周知させ、投票後は一〇年の歳月をかけて可動堰によらない吉野川の治水計画を提言し、議会や行政に対して投票結果の実現を訴え続けてきたのである。このように住民投票は投票当日だけの問題では決してなく、むしろ投票日の前後の息の長い取り組みこそが重要だという基本的な事実さえも、おそらく一般にはほとんど認識されていないのではないだろうか。

よって、住民投票を実施し、民意を反映させるためには何が重要であるのかを明らかにする必要があるが、徳島市の住民投票にはこの問題を考えるための数々の貴重な手がかりが含まれている。この点については、本書をひととおりお読みいただいた後、改めて振り返ることにしたい。

筆者は法律学（行政法）を専門としているが、以前に読んだイギリスの法学の入門書に次のようなことが書かれていた。

「材料をでたらめに混ぜてオーブンに入れても、できあがるのはおいしいケーキではなくて熱くてぐちゃぐちゃとした塊である。ケーキや料理に正しいレシピがあるように、契約などの法的な行為にも正しいレシピがある。」

レシピ（recipe）とは本来は料理の手順のことである。環境や財政とともに人間の生存の基本である「食」についていささかの関心がある筆者には、この比喩が強く印象に残っている。いうまでもなく人の味覚と心を満たす料理や菓子作りには周到なレシピが必要だが、市民の声を反映させて未来へ伝える川づくり、まちづくりを進めていくためにも周到なレシピ、手順が必要なことは同様であろう。本書のサブタイトルを「市民参加のレシピ」としたのは、このような理由によっている。徳島市の例を素材として、本書がそのようなレシピを考える手がかりとなれば幸いである。

目次

写真提供　村山嘉昭

吉野川流域図

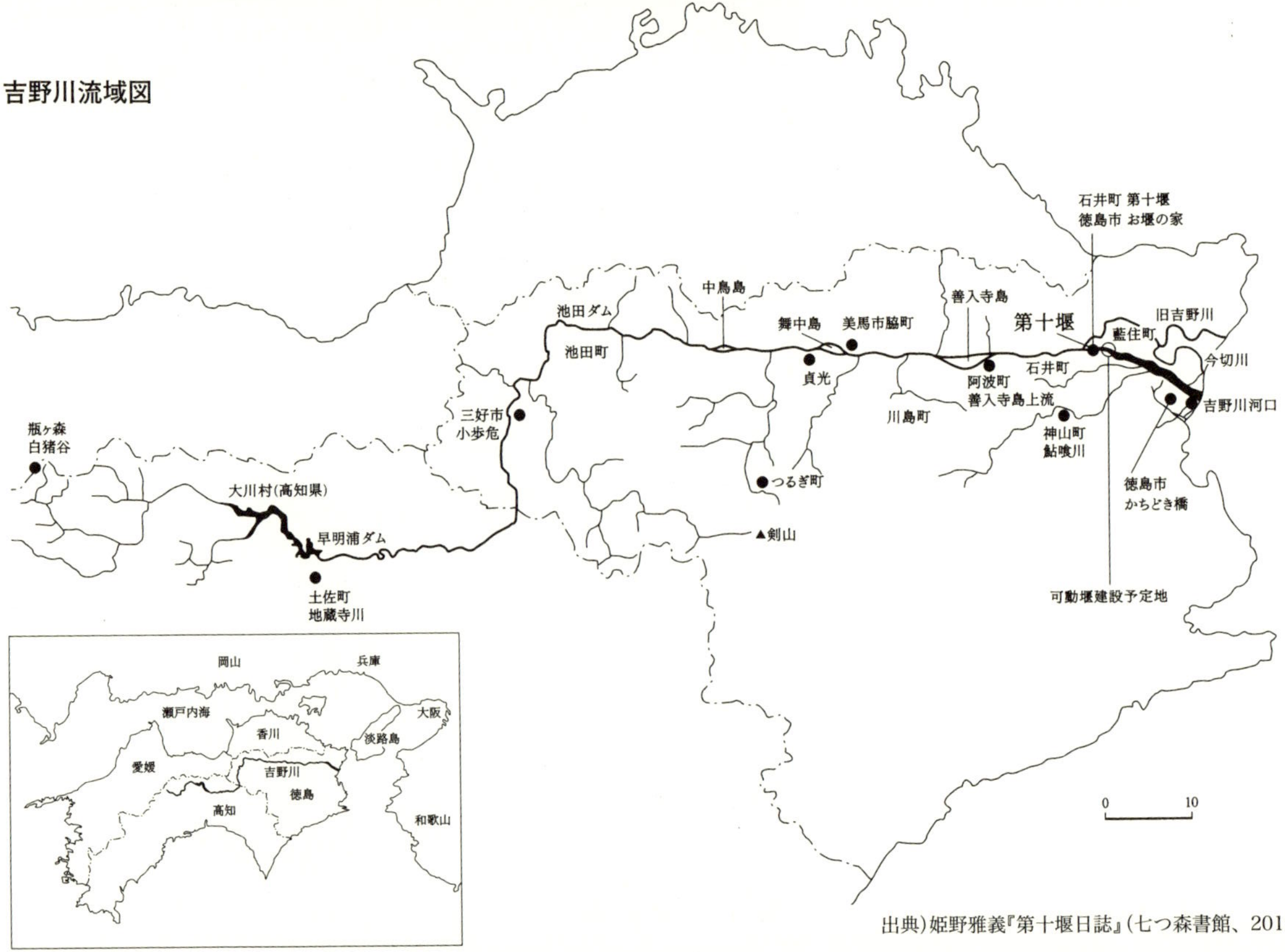

出典)姫野雅義『第十堰日誌』(七つ森書館、2012、p284)

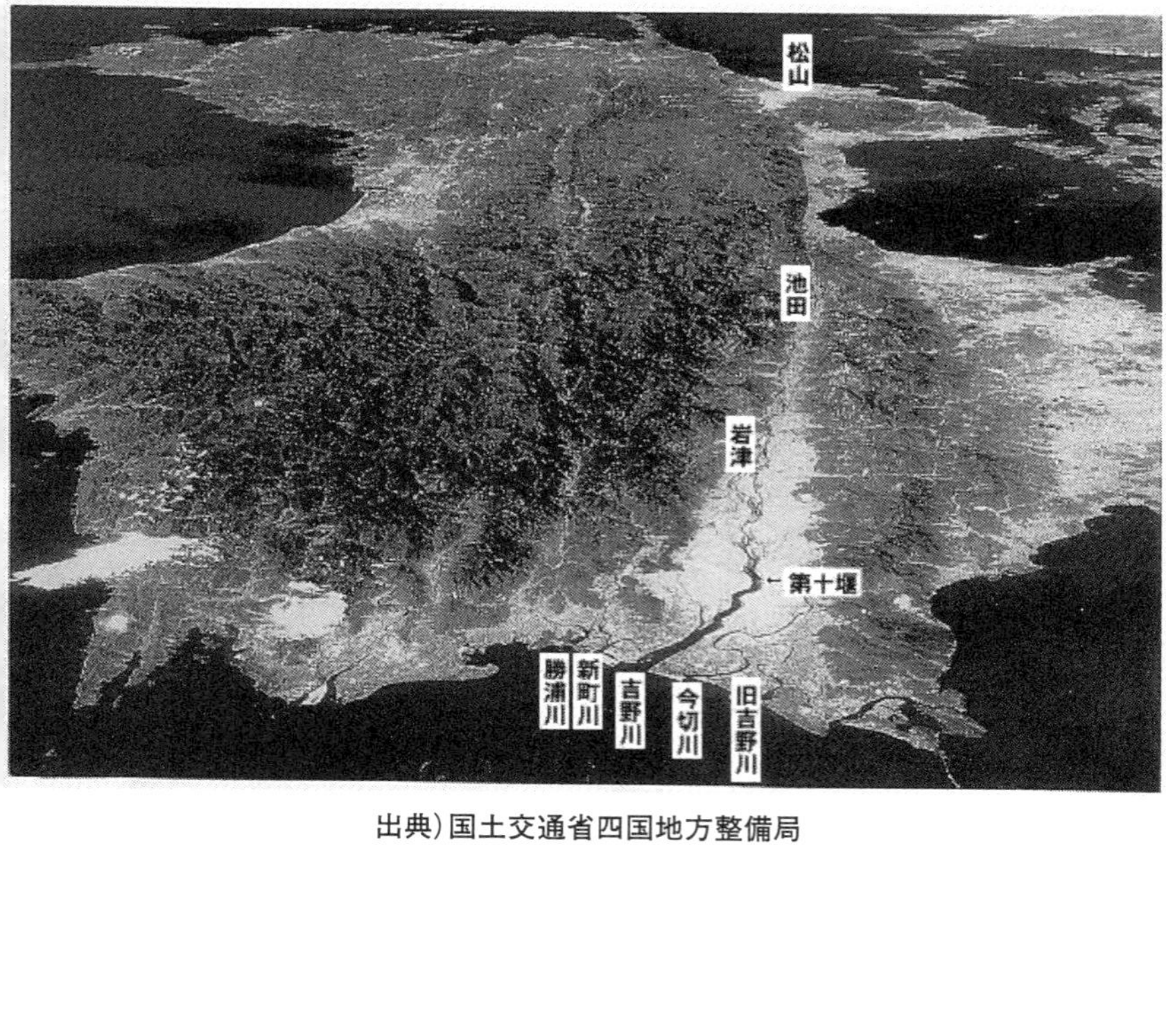

出典）国土交通省四国地方整備局

吉野川住民投票

——市民参加のレシピ——

姫野雅義さんの思い出のために

第一章　吉野川第十堰

青石の架橋

西日本最高峰の石鎚山（一九八二メートル）の北東に標高一八九六メートルの瓶《かめ》ヶ森《もり》がそびえている。瓶ヶ森はその名の通り四国三郎・吉野川の水瓶であり、吉野川は瓶ヶ森を南に入った山中を源流とする。深い森に湛えられた水は高知県の山間部を下り、徳島県に入ると大歩危・小歩危の急峻な渓谷を刻んで北上し、池

吉野川源流の瓶ヶ森

〈資料1〉吉野川第十堰と可動堰建設予定地

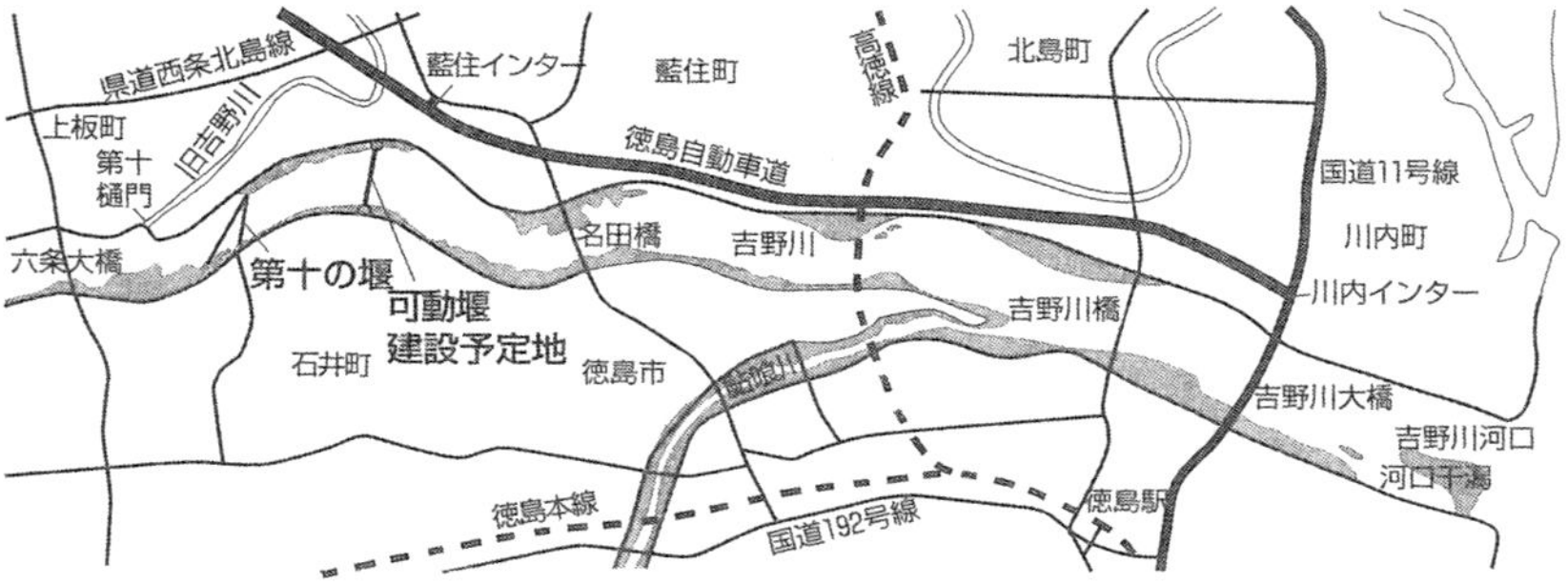

田町で阿讃山地に阻まれるように東に向きを変えて徳島平野へと向かう。

岩を削る急流はこのあたりからゆったりとした流れに変わり、流域の谷を開いて平野を築いていく。中流部では約二キロメートルの幅だった谷は次第に広くなり、下流部では一〇キロメートル以上となる。豊富な水量に加え、吉野川が自ら切り開いてきた広い空間が大河の風格を生む。

「吉野川の空は広い。」

吉野川第十堰を見たある作家がそう感想を述べたが、それは吉野川が険しい山々を遠ざけ、広い平地を形成していることを直感したからであろう。

その第十堰は吉野川が一九四キロメートルの旅をほぼ終えようとする河口から約一四・五キロメートルの地点にある（**資料1**参照）。第十堰という名称は十番目の堰というわけではなく、この辺りの地名が第十村だったことによる。地元では「第十の堰」あるいは敬意と親しみを込めて「お堰」と呼ばれることもある。

〈資料2〉吉野川第十堰の構造

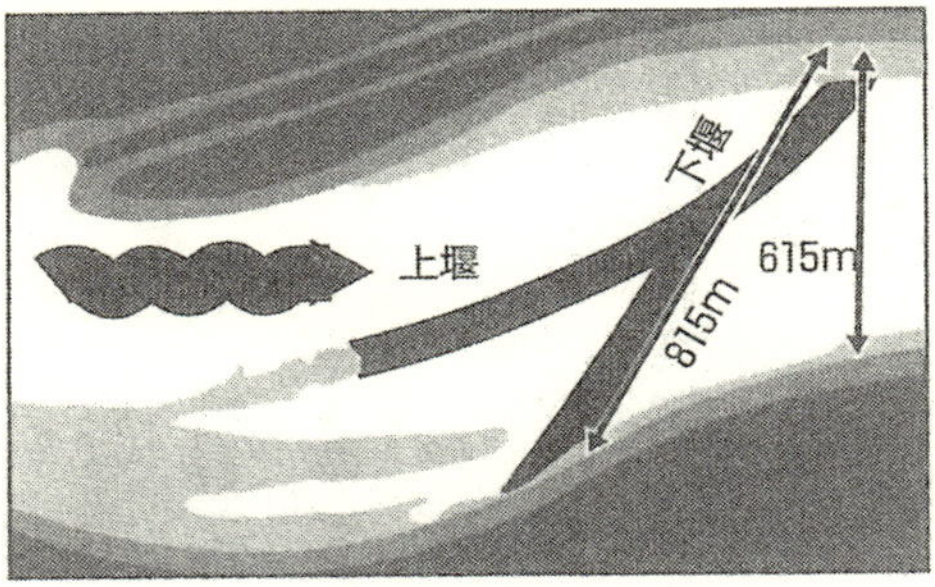

第十堰は川の流れに対して斜めに設置された「斜め堰」である（**資料2**参照）。下流側の全長八一五メートルに及ぶ下堰《しもせき》が今日の本体ともいうべき部分で、下堰から分岐して上流側の右岸（南岸）に至る部分が上堰《かみせき》である。斜め堰であるとともに、二重堰であるのが構造上の特徴である。

第十堰は江戸時代の宝暦二（一七五二）年に築かれた。それ以来二五〇年以上にわたって吉野川本流の水を旧吉野川へ分流する機能を果たしている。現在は補修のため大部分がコンクリートで覆われているが、もともとはこの地方特産の「阿波の青石」を使った石組みの堰であった。阿波の青石は庭石などにも使われる薄緑色の石材である。エメラルドにも似た青石が組まれて架け橋のように大河の両岸を結び、藍にもたとえられる清流に洗われている光景はどのようなものだったのだろうか。

この光景は日本が高度成長期を迎える一九六〇年代（昭和四〇年代前半）までは残されていた。しかし、その後第十堰付近で盛んに砂利採取が行われるようになると河床の沈下による堰の損傷が

〈資料3〉吉野川第十堰

〈資料4〉青石組による補修の完成予想図

補修前

補修後

起こるようになり、コンクリートで補修されることによって失われてしまった。もともとあった青石はほとんどが持ち去られてしまったそうである。

ところが、二〇〇四年に吉野川で観測史上最高の流量を記録した大雨を降らせた台風二三号が過ぎ去ると、第十堰付近の樹木や土砂が流されて上堰の青石組が再び姿を現した（**資料3**参照）。築造時の姿をとどめる青石組を見ていると、往時の第十堰や築造に従事した人々の姿が目に浮かぶようである。

実は、徳島市民は青石組による第十堰の改修案を提案している。本書でも後に詳しく紹介するが、ここでは徳島の建築家がＣＧで作成した青石組による補修の完成予想図をご覧いただきたい（**資料4**参照）。江戸時代の人々の智恵によって造られた美しい構造物が再現され、それが現在に至るまで人々の生活に役立っていることが認識されれば、第十堰は世界遺産に値する歴史的建造物として広く知られるようになるのではないだろうか。

第十堰の成り立ち

今から二五〇年以上も前の江戸時代に、なぜこのような巨大な構造物が造られたのであろうか。文献や資料から知ることができるのは、次のような事実である。

現在の吉野川本流は第十堰付近からほぼ真っ直ぐに海に向かっているが、本来の吉野川は第十堰付近で北上し、蛇行して海に注いでいた（**資料1**参照）。つまり、今の旧吉野川と今切川がかつては本流だったのである。現在の本流はもともとは別宮《べっく》川と呼ばれる今よりも小さな流れであった。

天正年間の一五八五年に秀吉が蜂須賀家に阿波一国を与えると、別宮川の河口に近い徳島には城が築かれて城下町が形成された。一六一五（元和元）年に徳川幕府が蜂須賀家に淡路八万石も与えると、徳島は二五万石の城下町としてますます発展した。そして、一六七二年（一七〇一年という説もある）には吉野川の水を城下に引き、合わせて水運の利便性を高めることを目的として、第十から姥ヶ島（現在の藍住町に属し、第十堰から北岸を少し下った所）までの間に幅六間（約一一メートル）の水路を開削する工事が行われた。この工事は新川掘抜《しんかわほりぬき》といわれているが、これによって吉野川と別宮川がつながり、いわば海へ向かうバイパスができたのである。

すると水路側の土地が低かったこともあって吉野川の水の大部分は新しい水路を流れるようになった。その結果として本来の本流であった旧吉野川の水量は著しく減少し、流域では灌漑用水の不足や海からの塩分の遡上など深刻な問題が生じた。そこで、流域の有力者（庄屋）たちが藩主の蜂須賀宗鎮《むねしげ》に嘆願して工事の許可を得て、別宮川の水を旧吉野川に分流するための堰が建設された。一七五二（宝暦二）年には分流地点のすぐ下流に長さ二二〇間（約三九六メートル）、幅七〜一二間（一二・六〜二一・六メートル）の堰が完成し、旧吉野川の水量は回復することとなった。これが第十堰の原型である。

当初の第十堰がどのようなものであり、現堰のどの部分に当たるのかについては不明な点が多い。ある研究では、下流側の堰が当初の堰を起源としており、一七九二年には五〇〇間（約九〇九メートル）、一八七一（明治三）年には五八〇間（約一〇四四メートル）に達していたとされている。現在の下堰の長さは八一五メートル、第十堰付近の川幅は低水域（常に水が流れている部分）で約六一五メートルであるから、第十堰は築造後四〇年で現在よりも長い堰となったことになる。そして、一八七八（明治一一）年に上堰が築かれて二重堰になったとしている。

後述の吉野川流域ビジョン21委員会（以下、「ビジョン21」という）による最近の調査は、新たに姿を現した上堰の青石組や河床の地形によると、上堰の上流側六〇〇メートル程度が江戸時代に造られ、吉野川の流れの変化に合わせて下流の残りの部分が築造されていったのではないかと推定している。この調査によれば、上堰から下堰左岸にかけての斜めの部分が本来の第十堰であるということになる。

第十堰と洪水

吉野川は過去に大きな洪水被害をもたらせたことでも知られている。最後の大洪水といわれる大正元年（一九一二年）九月二三日の洪水では、屋根に登ったまま流されていく人もあり、徳島平野は一面の泥の海と化したという。流域の被害は、死者八一人、行方不明一四人、家屋全壊四二六戸、床上浸水二万六七〇八戸と記録されている。大正元年の洪水の痕跡は今でも流域に残されており、中流の山川町にある洪水痕跡を示す石柱の高さは三・三メートルである。また、下流の北島町では民家の納屋の土壁に痕跡が残っており、その高さは裏の水田から三・九メートルになる。

江戸時代にも享保七(一七二二)年、宝暦六(一七五六)年、享和元(一八〇二)年などの洪水のほか、名前が付けられた洪水として天保一四(一八四三)年の七夕水、嘉永二(一八四九)年の酉の水(阿呆水)、安政四(一八五七)年の八朔水、慶応二(一八六六)年の寅の水などの記録が残されている。

吉野川の洪水は大きな被害を生じた反面で流域の土壌を肥沃化し、特産の藍の栽培を支えてきた。第十堰に近い田中家(たなかや、あるいは、たなかけ)は全盛期の藍商人の姿を今に伝えているが、その家屋は洪水に備えて高い石垣の上に築かれている。さらに、葭葺《よしぶ》きの屋根は洪水時に切り離し、そのまま船になるという構造である。ここを訪れた司馬遼太郎は阿波紀行に「建物はすべて洪水を予想して設計されている」と記している。

吉野川の中下流域には多くの高地蔵といわれる台座の高い地蔵像がある。最大のものは徳島市国府町東黒田にある「うつむき地蔵」で、台座の高さは二・九八メートル、全高は四・一九メートルである。これらの高地蔵は、洪水を鎮める民衆の願いの象徴であるとともに洪水の高さに対する警鐘であると理解されている。国土交通省のホームページには、高地蔵はなぜか第十堰の周辺に多く集まっていると記載されている。しかし、第十堰が原因となって洪水が発生したという記録はない。築造以来二五〇年以上にわたり、第十堰が洪水を起こしたことは一度もないのである。吉野川流域がしばしば洪水に襲われたのは、むしろ堤防がなかったことが原因であろう。

第十堰の前後を問わず、江戸時代には吉野川にほとんど堤防が築かれていなかった。明治に入ると、一八八四（明治一七）年にはオランダから招かれた土木技術者のヨハネス・デ・レーケが徳島を訪れ、約三週間にわたる調査を行って「吉野川検査復命書」をまとめた。この復命書は別宮川を改修して本流とすることを提唱しており、第十堰の撤去が前提となっていた。翌年、内務省土木局はこの調査に基づいて改修工事を開始した。しかし、工事中に洪水が発生すると工事が原因であるとして住民の反対が起こり、工事は中止された。

一九〇七（明治四〇）年には政府による第1期直轄改修工事として河口から中流の岩津まで約四〇キロメートルにわたる大規模な改修工事が開始された。この工事では別宮川の本流化の方針は維持されたが、第十堰は存続させて今後も旧吉野川への分流機能を果たすことになった。一九二四（大正九）年には別宮川の堤防が完成して別宮川が正式に吉野川の本流とされ、一九二七（昭和二）年には岩津から第十堰までの堤防補強が完成した。そして、前述の大正元年（一九一二年）の洪水以来、多数の死者を出すような大洪水は発生していない。

第十堰とは直接関係ないが、この工事では中流の善入寺島《ぜんにゅうじとう》の遊水池化が行われた。善入寺島は吉野川の河口から約三〇キロメートルの地点にある五〇〇ヘクタール（東京ドームの建築面積の約一〇七倍）に及ぶ巨大な中州（川中島）である。第一期直轄改修工事に際し、一九一三（大正二）年には全島が買収されて約三〇〇〇人が暮らしていた島は無人となった。吉野川の治水のために住み慣れた土地を離れなければならなかった人々がいたことは忘れてはならないだろう。

筆者は学生時代に徳島を訪れ、徳島本線の学駅で降りて学問のお守りとして人気があった入場券を買い、車窓に続いていた吉野川を見物に行ったことがある。橋を渡ると陸地が続き、また橋がある。それによって中間の広大な土地が中州であることに気付いて吉野川の広さに驚いたが、今思うとそれが善入寺島だったのである。当時はそのような歴史があることも、将来徳島に住んで吉野川と関わるようになることも知る由はなかった。

一九二三（大正一二）年には第十堰上流の南岸に第十樋門が設けられた。今も使われている中世ヨーロッパの尖塔のような建物はなかなか味わいがある。ふだんは第十堰がせき止めた水を約一キロメートル上流の取水口から取り入れて旧吉野川に分流しているが（年平均で七二パーセントが旧吉野川に流れている）、洪水時には樋門を閉じて洪水を本流に流下させている。

斜め堰は知恵の結晶

近年になって補修を受けたとはいえ、江戸時代に築かれた石組みの堰が今日に至るまで機能を果たしているのは驚くべきことであろう。それを可能にしたのは堰を築いた人々の工夫である。

第十堰の構造上の特徴は何といっても川の流れに対して斜めに設置されていることである。斜め堰では堰を越える越流水は川幅より広い堰の上を分散して流れていく。それによって堰が障害となって発生する上流側の水位の上昇（これは「せき上げ」といわれる現象である）は小さくなり、洪水の危険性は低くなる。また、堰に当たる水圧も分散されるので、堰自体が破損したり流失する危険性も低くなる。

斜め堰であることは河床の地質とも関係がある。一般に川は蛇行して流れているが、蛇行した部分の外側には速い流れによって洗掘された淵が形成され、内側には緩い流れによって砂州（砂礫帯）が形成される。そして、蛇行による屈曲の角度が二〇度以上になると淵と砂州の位置は固定され、安定することが知られている。第十堰付近の吉野川も蛇行しているが、第十堰の上堰は蛇行によって形成された砂州の上にちょうど乗るように造られている。これによって第十堰は安定して長期にわたって存続することが可能となり、築造の労力も最小限で済んだのである。

青石の組み方も巧妙である。堰の上流側では当然のことながら堰に当たる水圧は強くなる。そこで上流側では青石を縦に突き刺すように組んで強度を高めている。この組み方を牛蒡《ごぼう》組みあるいは牛蒡突きという。これに対して下流側では青石は平らに並べて組まれている。この組み方は平積みといい、水は平らな面の上をスムーズに流れるので水位を下げる効果がある。この他にも堰を守るために石を竹篭に入れた蛇篭や小石、松杭などを利用した水制（水の勢いを緩和する工作物）が設けられている。その松杭が腐っていないのも何らかの加工がされているためだといわれている。

このように第十堰には敬服すべき数々の先人の知恵が採り入れられている。一七三六（享保二一）年に徳島藩は大井川御手伝普請《おおいがわおてつだいぶしん》という大井川の改修工事を命じられているので、そこで修得した当時の最新の治水技術が第十堰に応用されたともいわれている。自然の摂理にかなったこれらの技術は、ローテクどころかむしろ超ハイテクといえるのかも知れない。

第十堰と人々

第十堰は基本的に石積みの簡単な構造物であるから、コンクリートでできたダムのように人を寄せ付けない河川管理施設とは大きく異なっている。よって第十堰の回りにはいろいろな人々が集まり、川に親しむ場となっている。

第十堰でせき止められた水は旧吉野川に分流されているが、その割合は年平均で七二パーセントである。水量の少ない冬季には一〇〇パーセントの水が旧吉野川に流れていることもある。本流を流れる水は石組みやコンクリートブロックの間を流れたり、川底を伏流水となって流れている。そのため水をせき止めているのに水がよどむことはなく、ましてヘドロが堆積するようなことはまったくない。第十堰はいわば自然のフィルターのような役割も果たしている。

下堰の上を越流水が流れることは少ないので、通常は下堰の上を歩いて対岸に渡ることができる。

常に水が流れる低水敷の川幅が六〇〇メートルを超える大河で、歩いて渡ることができる川は他にないだろう（ただし、堰を超える越流水があるときは危険なので徒渉は断念していただきたい）。

吉野川には約一六〇種類の魚類が生息しており、日本でもっとも魚の種類が多い川の一つである。第十堰下流は上流からの淡水と河口からの塩分を含んだ水が混じり合う汽水域であるため、堰付近にはさまざまな生き物が暮らしている。アユ、アユカケ、サツキマスなど海域と淡水河川域を回遊する魚類は、第十堰を降下し、遡上して暮らしている。うどんのだしにも使われるハゼ科のヨシノボリは、孵化した仔魚がいったん海に流された後、大群となって第十堰を遡上していく。ヤマトシジミなどの貝類も多く見られる。

これらの魚介類を求めてたくさんの鳥類も集まっている。日本野鳥の会徳島支部が行った第十堰での探鳥会では、カイツブリ、カワウ、アオサギ、カルガモ、ハヤブサ、オオタカ、ユリカモメ、カワセミなど四四種類が観察されている。オオタカは環境省の鳥類レッドリストで準絶滅危惧種に指定されているが、第十堰のような都市の近くに生息しているのは珍しい例といえよう。

ビジョン21が人々の第十堰の利用状況を調査したおもしろい統計がある。これによると年間を通して多かった利用の方法は、多い順に眺望（一箇所にとどまり遠方を見やる）、会話（複数の人が会話を交わす）、釣り、水中観察、水遊び、撮影、魚介とり、つきそい（子供の付き添い）、犬の世話（散歩、水遊びなど）、休憩、食事となっている。筆者の知人に堰の上で結婚式を挙げたカップルがいるが、これはもっとも奇想天外な利用方法であろう。この調査では眺望がもっとも多くなっているが、第十堰から見る空の広さ、吉野川の大きさはいつ見ても圧巻である。菜の花の時期や夕暮れどきの風景も印象深い。

このように第十堰は人々や生き物を引きつけているが、筆者が見学した長良川河口堰はこれとは対照的であった。巨大なゲートに近づいて川の水に触れてみようなどと思う人はいないであろうが、そんなことをすればたちまち怒られるか取り押さえられてしまうだろう。船で案内してくれた漁師さんによると、かつては川底をさらうと大きなヤマトシジミがゴロゴロしていたが、今はほぼ全滅したそうである。長良川河口堰のデザインは水のしずくをイメージしたというが、この話を聞いて以来、筆者にはシジミの涙のように思われてならない。

なお、第十堰南岸の下堰から堤防道路を三〇〇メートルほど下流に行った堤内（これは洪水から守られる堤防の内側という意味で、流水とは反対側の民家などがある側である）に「お堰の家」がある。お堰の家は第十堰を愛する人々が浄財を出し合って造った一種の集会所である。囲炉裏を囲む広間があるほか、第十堰に関する資料も展示している。原則としていつでもだれでも利用できるので、第十堰を訪ねる際には休憩を兼ねて立ち寄ることをお勧めしたい。

本章の最後に、「第十堰に行ってみたい」という方のために行き方をご案内しておきたい。徳島駅前の観光案内所でも第十堰の行き方を尋ねる人が増えているが、第十堰は観光ガイドなどには載っておらず、交通があまり便利でないので案内所の人も説明に困るそうである。

車の場合は吉野川の両岸に堤防道路があり、どちらからも行くことができる。第十堰は下流側の名田橋と上流側の六条大橋の間にある。何も案内板等はないが、川を渡る巨大な構造物なのですぐに分かるだろう。南岸、北岸とも河川敷に下りると駐車スペースがあるが、どちらかといえば南岸の方が河川敷に下りやすい。

路線バス利用の場合は、徳島駅前から徳島バス「竜王団地」行きに乗り、終点下車（所要三五分）、そのままバス通りを北へ直進する。徒歩一五分ほどで北岸の堤防道路に出るとすぐ右手に下堰を、正面に上堰を見ることができる。お堰の家は下堰からさらに三〇〇メートル下流である。竜王団地行きのバスはほぼ一時間に一本であるが、運転されない時間帯もあるので徳島バスのＨＰ（とくしまバスナビ）で事前に確認することをお勧めする。

第二章　可動堰計画と吉野川シンポジウム

長良川河口堰を徳島にも？

前章で見たように、第十堰は江戸時代に築かれて以来、二五〇年にわたって吉野川の水を旧吉野川に分流する機能を果たしている。第十堰によってせき止められた水が淀むようなことはなく、むしろ多様な生き物が暮らす豊かな生態系が形成され、人々の憩いの場となっているこ

吉野川に飛び込む子どもたち（川ガキ）

とも前章で見た通りである。

ところがこの第十堰を撤去し、新たに可動堰を建設する計画がある。これが「吉野川第十堰建設事業」という国の大型公共事業で、建設予定地は今の第十堰の約一・五キロメートル下流の河口から一三キロメートル地点とされている（**資料1**参照）。

可動堰はゲートが開閉式となっており、ふだんはゲートを閉じて水をせき止めるが、洪水時にはゲートを開いて洪水を流下させる構造になっている。このような堰は長良川河口堰ですでにおなじみだろう。つまり、可動堰計画は長良川河口堰と同じものを吉野川にも造るということなのである。長良川河口堰は環境や財政に大きな悪影響を生ずるとして、一九七三（昭和四八）年に計画が認可された頃から建設には強い反対があった。一九九四年に竣工し、翌九五年七月から本格的な運用が始まると、当初から指摘されていた様々な問題が現実のものとなっている。吉野川に可動堰ができれば徳島でも同様な問題が起きることが予想されるので、ここで長良川河口堰の問題点を簡単に振り返っておきたい。

前述のように、筆者も長良川河口堰の見学に行った際に漁師さんから直接に話を伺ったが、以前は豊かなシジミの漁場だった河口堰付近にはヘドロが堆積し、汽水域に住むヤマトシジミ、淡水域に住むマシジミのいずれもがほぼ全滅したという。河口堰付近では長良川のすぐ西隣を揖斐川《いびがわ》が流れているが、その揖斐川では以前と同じようにたくさんのシジミが採れるそうである。長良川中央漁協のアユの漁獲高は、一九九二年には二九万六四二七キログラムであったが一九九六年には一四万六〇一六キログラムとほぼ半減している。サツキマスの漁獲高も一九九九年には九三年の四分の一に減少した。

筆者は一九九九年の八月に徳島市で行われた市民の勉強会で報告するため、長良川河口堰が地元自治体に与えた財政上の影響について調べたことがある。長良川河口堰は一五〇〇億円かけて建設され、当初の建設理由は工業用水の確保と治水であったが、その時点で工業用水は一滴も使われていなかった。しかし、水道事業を担当する三重県企業庁は二六六億円（金利を含めると四四五億円）、愛知県企業庁は三四九億円（同六三六億円）を水資源開発公団に償還しなければならないため、一九九五年から二〇一七年までの二三年ローンを組んで返済している。両県の企業庁とも償還ができないため、三重県は一般会計から企業会計へ年間一五億円出資し、愛知県は一九九八年度に三三億円を貸し付けていた。

両県とも特に水道用水が不足しているわけではなかったが、河口堰の水を利用するために導水管を建設することが必要となった。三重県は鈴鹿山脈の豊富な伏流水があるにもかかわらず延長一〇〇キロメートルの導水管を建設し、その事業費は七六〇億円を要している。三重県では一〇市町村が水道料金を二〇パーセントから四〇パーセント値上げした。

愛知県では伊勢湾の海底に導水管を通して知多半島へ給水し、それまで利用していた木曽川の水を河口堰の水に切り替えた。その事業費は三三七億円である。河口堰の水からはアンモニア性窒素が木曽川の二〇倍検出され、消毒用塩素の使用量が二四パーセント増加した。切替後、知多半島では水道の水がまずくなったという苦情が相次いだという。愛知県の九八年度水道会計は二八億円の赤字となり、水道料金の値上げを決定した。このとき筆者は愛知県に住んでいたが、黙っているのも癪なので、「このデフレの時代になぜ値上げするのですか」と企業庁に電話で問い合わせると、「徳山ダムや長良川河口堰の建設費がかかっているからです」という率直な答えが返ってきて拍子抜けしたことをよく覚えている。

本書では長良川河口堰の効果をきちんと検証する余裕はないが、このような事実を見るだけでも環境と財政に大きな負担をかけていることがうかがわれる。長良川河口堰が「ムダな公共事業の象徴」と言われるのも仕方がないだろう。

吉野川シンポジウムの結成

長良川河口堰の問題点は運用が開始される前から大きく報道され、多くの人に知られていた。そして、同様な計画が徳島にもあることを知った徳島市民は非常に驚き、吉野川でも長良川と同じ問題が起こるのではないかと心配するようになった。そこで一九九三年九月、市民グループは徳島市で「吉野川の自然と第十堰改築を考える」というシンポジウムを開催した。この集会がきっかけとなって可動堰計画を初めて知ったという市民も多く、シンポジウムは大きな反響を呼んだ。

このシンポジウムを主催したのが「吉野川シンポジウム実行委員会」（以下、「吉野川シンポ」という）である。吉野川シンポのメンバーは、これまであまり自然保護運動や政治活動には関わりのない人々がほとんどであった。メンバーの中には「可動堰断固反対」という人もいれば、「吉野川は大好きだが堰のことはよくわからない」という人もいたという。メンバーの中には日頃から山や川で自然に親しむアウトドア派が多かったのが特徴といえば特徴であるが、会社員、公務員、自営業者や主婦などごく普通の市民によって構成されていた。

吉野川シンポの代表世話人となったのは、徳島市で司法書士をしていた姫野雅義さんである。この後、姫野さんは住民投票を成功させ、二〇一〇年三月に前原国土交通大臣から可動堰計画の完全中止の約束を取りつけるまで強力なリーダーシップを発揮することになるが、そのような展開になるとは姫野さん自身まったく予想していなかったに違いない。第十堰近くの石井町藍畑《あいはた》で生まれ育ち、釣り好きだった姫野さんは、可動堰によって第十堰付近の生き物の棲み家や故郷の原風景が失われてしまうのではないか、そのような結果をもたらす可動堰は本当に必要なのかという強い疑問を抱いていた。姫野さんがそれ以外の大義名分を語ることはあまりなかったので、結局、姫野さんの行動の原動力となったのは多くの市民と同じ素朴な疑問だったのだろう。

吉野川シンポは一回だけのシンポジウムを行うために結成されたが、市民の関心が高まったために解散するわけにはいかなくなってしまった。第一回のシンポジウムのすぐ後の九三年一〇月には親水イベント「游・憂　吉野川」を開催し、九四年一月には当時の五十嵐建設大臣に可動堰計画に関する情報公開を求める陳情を行い、二月には第二回のシンポジウム「長良川そして吉野川」を開催した。この頃から徳島市民や吉野川シンポの会員からは建設省にも出席を求めて説明を聞きたいという声が多く寄せられていた。しかし、建設省は応じなかったため、さらに建設省にも出席を求めながら活動を継続することとなった。

同年四月には当時の広中環境庁長官に環境アセスメント実施の陳情を行い、五月にはカヌーイベント「吉野川ツーリングDAY ＆ NIGHT」、八月にはフォーラム「吉野川発・川と人のつきあい今はじまる」を開催した。八月のフォーラムでは、ジャーナリストの本多勝一、筑紫哲也、俳優の近藤正臣、河川工学者の大熊孝の各氏が講演と対談を行った。その後も同月に市民アンケート「河口堰計画について」、一〇月には親水イベント「ビーチクリーンアップ第十堰＆お月見会」、一一月には建設省に対する公開質問、九五年一月には親水イベント「第十堰・たこ上げてたこ焼き」、六月には第十堰自然観察会「見えなかった感動が見えてくる」などのイベントが続く。

吉野川シンポの活動はシンポジウムや行政機関への働きかけのほか、カヌー下りや自然観察会など体験型のイベントも多く、「よく学び、よく遊ぶ」点に特徴がある。それはまず多くの人が第十堰をめぐる問題を知り、川に関心を持つことが大切であると考えたことによる。このやり方は従来の住民運動とは大きく異なっており、第十堰問題は広く市民の間に浸透していった。

吉野川シンポの活動には当初からもう一つ大きな特徴があった。それは、「はじめに可動堰ありき」の建設省の態度はおかしいが、同時に自分たちも「はじめに反対ありき」の態度はとらないということである。吉野川シンポは、反対、賛成を叫ぶ以前に多くの流域の人々が事実を知り、自ら判断してその意見を吉野川の将来に反映させることが重要であると考えた。その結果として今の第十堰と吉野川を守ろうという声が高まっていかなければ、吉野川の自然を将来に伝えることも長良川にみられるような状況を変えていくこともできないからである。

このように柔軟な考え方がとられたのは、吉野川シンポがごく普通の市民の集まりだったからだろう。普通の市民はだれでもが反対運動の闘士であるわけではないが、今日では多くの人々が環境と財政が自分たちの生存の基盤であることに気付いている。そして、その基盤を破壊するおそれがある長良川河口堰のような公共事業に対し、普通の市民が本当に必要なのかどうか説明して欲しい、自分たちの意見を聞いて決定して欲しいと考えるのは当然だろう。吉野川シンポの取り組みは市民の多くが共感できるものであり、「一部反対派の運動」という枠を超える広がりを持っていたのである。

この後、徳島では「第十堰住民投票の会」を始めとするいろいろな市民グループが生まれるが、それらの基になったのは吉野川シンポである。実際にメンバーもかなり共通しており、吉野川シンポは徳島の市民運動にとってきわめて重要な存在といえる。

吉野川シンポは吉野川の環境を保全する活動が評価されて二〇〇二年四月に朝日新聞社の第三回「明日への環境賞」を受賞した。現在は、作家・カヌーイストの野田知佑さんを校長とする「川の学校」の運営などを中心に活動している。川の学校は年に数回のキャンプを通じて子供たちと川を総合的に体験し、学ぶことを目的とする。今年（二〇一一年）ですでに第一一期となり、自然の楽しさと厳しさを知った多くの「川ガキ」が巣立っている。

ちなみに、役所はよく河原に「よい子は川で遊ばない」という看板を立てるが、これを見た野田さんが激怒していたのが印象的であった。川ガキは危険な所へは安易に近づかないし、安全な所でおぼれたりはしないのだろう。川の学校のスタッフによると、もし川に落ちたら流れに逆らって落ちた地点に戻ろうとするのではなく、少し下流側から岸へ上がるのがよいそうである。

なぜ可動堰が必要なのか——せき上げ・深掘れ・老朽化

可動堰計画が最初に地元の徳島で浮上したのは一九六六年の県議会であった。県議会は第十堰改築を決議し、知事から国に要望したという形がとられている。その後、一九八三年七月の県議会で促進決議が行われ、塩害防止の付帯決議がなされている。当初の建設目的は塩害の防止だったのである。正式に事業化されたのは一九九一年であるが、この時は治水と利水を目的とする特定多目的ダムとされていた。さらに九七年には利水目的が撤回され、コロコロと変わった建設目的は最終的には治水とすることで落ち着いた。

それでは、治水目的というのは具体的にどのようなことなのであろうか。旧建設省がいつも強調していたのは、「せき上げ」、「深掘れ」、「老朽化」の三点である。

せき上げというのは、川の中に第十堰のような固定堰があると流水の障害となり、上流の水位が上昇する現象のことである。これはだれでも理解できることで、確かに川の中に障害物があることは好ましくないだろう。よって、洪水時に障害となる現在の第十堰を撤去して可動堰を建設し、洪水時にはゲートを開いて洪水をスムーズに流下させる必要があるというのである。

では、どの程度のせき上げが起こるのだろうか。その前提になるのは洪水時に吉野川にどれ位の水量が流れるかということである。大きな川の治水対策を決める際には、まずその川で最大どの程度の水量（ピーク流量）が流れるかを予測する。この水量を基本高水流量《きほんこうすいりゅうりょう》という。基《き》本高水《ほんたかみず》と略されることも多い。

基本高水は川ごとに基準点を決め、予測される大雨の際に基準点を流れる一秒あたりの水量（トン／秒）として表される。予測される大雨の量は、川ごとに決められた八〇年に一度（一／八〇）、一五〇年に一度（一／一五〇）などの治水安全度に応じて算定される。一五〇年に一度の大雨に備えるということは、八〇年に一度の大雨に備えるよりも治水安全度を高めるということになる。

吉野川の治水安全度は、前述した県議会の促進決議の前年（一九八二年）にそれまでの一／八〇から一／一五〇に引き上げられた。その結果として、基準点（中流の岩津）での基本高水は二四〇〇〇トン／秒となった。これは日本最大で、利根川(治水安全度は一／二〇〇)の二二〇〇〇トン／秒を上回っている。

ちなみに、明日の天気予報さえもはずれることがあるのに一五〇年や二〇〇年に一度の大雨をどうやって予測するのかと思ってしまうが、この予測方法は二倍の誤差を許容しているそうなので(自然科学の公式の中でこれほど大きな誤差を許容するものは他にないという)、それほど厳密なものではないようだ。

基本高水が決まると、これに基づいて計画高水流量《けいかくこうすいりゅうりょう》が算定される。これは各地点ごとの洪水対策（整備計画）の基準となる水量であり、基本高水から上流のダム等でカット（貯水）される水量を引き、その地点までに合流する支流の水量等を足して算定される。岩津基準点での計画高水流量は一八〇〇〇トン／秒、第十堰付近では一九〇〇〇トン／秒となる。岩津地点で基本高水より六〇〇〇トン／秒低い値になるのは、上流のダムでカットする計画だからである。つまり、上流にそれだけのダム建設が必要となる(ちなみに六〇〇〇トン／秒カットするためには群馬県で計画されている八ッ場ダム一〇基分のダムが必要である)。

さて、第十堰付近の計画高水流量とされている一九〇〇〇トン／秒の水が流れると、せき上げに

〈資料5〉可動堰建設による水位の変化

よって水位はどれくらい上昇するのだろうか。もっともせき上げが大きくなって危険な場所は、第十堰の約一・五キロメートル上流の河口から一六キロメートル地点であるとされている。堤防の高さはその地点の計画高水流量を基準に決められており、これを超えると洪水の危険があるので、計画高水流量が流れたときの水位（計画高水位）は危険水位といわれている。そして、建設省の水位計算によると、河口から一六キロメートル地点では危険水位を四二センチメートル超えてしまうという。一六キロメートル地点以外の水位は、第十堰の上流約五キロメートルまでの区間で平均数十センチメートル程度上昇するが、五キロメートルを過ぎると第十堰の影響はなくなってゼロになる。

これで問題点がかなり具体的となった。せき上げの解消は可動堰建設の最大の根拠であるが、それは可動堰建設によって水位を最大四二センチメートル、平均で数十センチメートル下げるということなのである。水位を下げる効果は第十堰の五キロメートル上流までしか及ばず、五キロメートルを超えるとゼロになる。しかも、**資料5**の図を見れば分かるように、仮に一六キロメートル地点で水位が四二センチメートル上昇しても、堤防の高さは右岸（南岸）であと二・五四メートル、左岸（北岸）で一・九七メートルの余裕があり、直ちに洪水が起こるわけではない。

可動堰の建設費は一〇四〇億円（八二万人の徳島県民一人あたり一二万八〇〇〇円）とされており、建設に伴う環境への様々な影響も懸念されている。ここにみた可動堰の効果がこれらのコストやリスクに見合ったものかどうかは疑わしく、多くの市民が可動堰計画に疑問を持つのはもっともなことだろう。

せき上げのほかに可動堰が必要とされる理由は、深掘れと老朽化である。

深掘れとは、第十堰下流の右岸側の川底が異常に洗掘される現象のことである。実際に一九七六年頃にはそのような現象が見られた。建設省の説明によると、それは第十堰が斜め堰であることが原因であるという。下堰に当たった水は堰に対して直角に流れようとする性質があるため、右岸側に向きを変えて右岸の堤防に当たり、深掘れを起こすというのである。しかし、地元の住民は七六年頃の深掘れは昭和三〇〜四〇年代の砂利採取が原因であると証言しており、建設省が行った模型実験でも大洪水はまっすぐに流れるという結果が出ている。深掘れが生じた部分にコンクリートブロックを埋めたところ、その後深掘れは生じていない。これらの事実を住民が指摘すると、建設省自身もあまり深掘れには言及しなくなった。

老朽化とは、建設省の説明によると築造後二五〇年経過した第十堰は「満身創痍」であり、改築の必要があるということである。実際には現在の第十堰に特に異常はなく、一九六〇年代にコンクリートで補修するために合計一二億円程度を要したほかは大きな補修は行われていない。住民が第十堰のどこに問題があるのかと建設省に聞くと、調べてみなければ分からないと言われたそうである。特に健康に問題がない人が医者にあなたは「満身創痍」だから大手術が必要だと宣告され、「どこが悪いのですか」と聞くと、「調べてみなければ分からない。とにかく満身創痍だ」と言われたとしたら、その医者を信用して手術を受けるだろうか。老朽化というのはこれと同じような話で、可動堰建設という大手術をする理由にはならないだろう。

中国の四川省にある都江堰《とこうえん》は、築造以来二五〇〇年にわたって岷江《みんこう》の水を分水して水害防止・灌漑・水運の機能を果たしている。二〇〇〇年には古代の土木技術を伝える遺構として世界遺産に指定された。中国の自然や歴史はスケールが大きいが、都江堰と比べれば第十堰はまだまだ「築浅」の部類に入るのかも知れない。

建設省の水位計算の誤り

前述のように、可動堰が必要とされる最大の理由はせき上げの防止という治水上の理由である。具体的には、一五〇年に一度の大雨が降ると第十堰の上流一・五キロメートル（河口から一六キロメートル）の地点で危険水位を四一センチメートル超えてしまうということであった。仮にそうである

〈資料6〉大雨時の吉野川の水位（1974年）

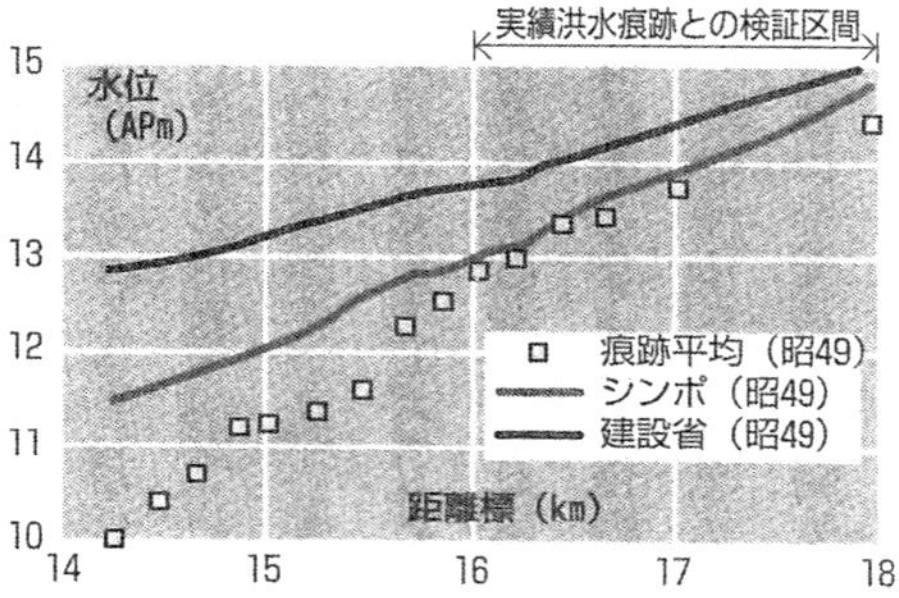

としても堤防にはまだかなりの余裕があり（資料5参照）、可動堰による水位低下の効果は平均で数一〇センチメートル程度、第十堰の上流五キロメートルを過ぎるとゼロになることもすでにみた通りである。

　このように可動堰の効果はきわめて限定的であるが、さらに「一五〇年に一度の大雨が降ると危険水位を四二センチメートル超えてしまう」という前提そのものが大きく揺らいでいる。吉野川シンポは建設省の水位計算の誤りに気づき、専門家の協力を得て水位計算をやり直したところ、建設省が想定している一五〇年に一度の大雨（第十堰での流量は一九〇〇〇トン／秒）が降ったとしても危険水位を超えないことが明らかになったからである。吉野川シンポの説明は次にみるようにきわめて明快である。

　まず、資料6のグラフを見ていただきたい。これは一九七四（昭和四九）年に大雨が降ったときの吉野川の水位を表したものである。四角い点（□）は実際の水位を示している。実際の水位は、堤防に残った痕跡や観測データによってかなり正しく知ることができる。せき上げがいちばん大きくなるとされている河口から一六キロメートル地点(横軸が河口からの距離)を見ると、水位は約一三メートル(縦軸が水位で、標高で示している)であったことが分かる。

グラフの一番上の太い実線は、建設省の使っている水位計算の計算式にこの時の吉野川の流量を当てはめた結果である。グラフを見れば分かるように、河口から一六キロメートル地点の実際の水位は一三メートルであったのに対し、建設省の計算結果は約一三・八メートルである。他の地点でも実際の水位よりかなり高くなり、第十堰に近づくほど実際の水位との差は大きくなっている。つまり、建設省の水位計算の結果は実際の水位より過大なのである。

建設省はどのような計算を行ったのだろうか。吉野川シンポは九六年から建設省に対して水位の計算式を明らかにするように要請を続けてきた。ところが建設省は、計算式はコンピュータの中に入っているので出せないなどと言って応じなかった。情報公開法が施行されたのは二〇〇一年四月一日であるから、この頃は国に対して情報の開示を求めることには限界があったのである。その後、九七年五月に吉野川シンポが独自の計算結果を公表すると、六月に建設省はようやく計算式を明らかにした。

その計算方法は「堰投影計算方式」といわれるものである。実は、第十堰のように水の流れに対して直角ではなく、斜めに設置されている堰のせき上げ水位を計算する方法は確立されていない。そ

〈資料7〉第十堰の高さと幅一覧表

	実際の第十堰	建設省計算式	シンポ計算式
高さ	5.0m	5.87m	5.1m
長さ	815m	615m	715m

高さは海抜による。第十堰付近の川幅は615m。

こで建設省が採用した計算方法は、直角に設置された「計算上の堰」があると仮定してせき上げ水位を計算するという方法である。ここで重要なのは、「計算上の堰」の高さと幅をどのように設定するかということである。斜め堰の実際のせき上げ水位をうまく再現できるように「計算上の堰」の高さと幅を設定しなければ、計算をする意味がなくなってしまうからである。

ここで前掲の**資料2**（五頁）をもう一度見てみると、実際の第十堰の下堰の長さは八一五メートル、この付近の川幅は六一五メートルである。第十堰はかなり長い堰なので、川の勾配によって上流側と下流側で高さ（標高による。以下同じ）が異なっている。上流側（南岸・右岸）の付け根の部分は五・五メートル、下流側（北岸・左岸）は四・五メートルなので、平均すると五・〇メートルと考えることができる。

次に**資料7**の表を見ていただきたい。この表は、①実際の第十堰の高さと幅、②建設省の「計算上の堰」の高さと幅、そして③吉野川シンポの「計算上の堰」の高さと幅を一覧表にしたものである。①は前述のように、それぞれ五・〇メートルと八一五メートル（いずれも下堰）である。これに対して②は、それぞれ五・八七メートルと六一五メートルである。建設省の「計算上の堰」の高さは実際の第十堰よりも八七センチメートル高く、幅は二〇〇メートル短くてこの付近の川幅と同じである。つまり、建設省の計算では実際よりもかなり高い堰が川幅いっぱいに水をせき止めていることになる。実際の第十堰では、水はもっと低くて長い堰の上を分散して流れているのであるから、これでは計算上のせき上げ水位が実際よりもかなり高くなるのは当然だろう。前掲の**資料6**のように、一九七四年の大雨の際の建設省の計算水位が実際よりもかなり高くなっている理由もここにある。

そこで、③の吉野川シンポの水位計算では、計算方法そのものは建設省と同じとするが（堰投影計算方式）、「計算上の堰」は高さと幅をそれぞれ五・一メートルと七一五メートルとした。高さは実際の第十堰の高さ（五・〇メートル）よりやや高くし、幅は実際の第十堰の長さ（八一五メートル）と川幅（六一五メートル）の中間をとっている。この値を使って一九七四年の大雨の際の水位計算をした結果が資料6の細い実線である。これを見ると、もっとも危険といわれる河口から一六キロメートル地点とこれより上流では、計算上の水位と実際の水位はほぼ一致している。これより下流では第十堰の影響によって水位が不規則となり、計算上の水位と実際の水位は一致しないが、建設省の計算水位よりはかなり実際の水位に近い値となっている。それでも実際の水位よりは高い値なので、安全性の基準としては問題がないであろう。

〈資料8〉150年に一度の大雨を想定した第十堰の水位

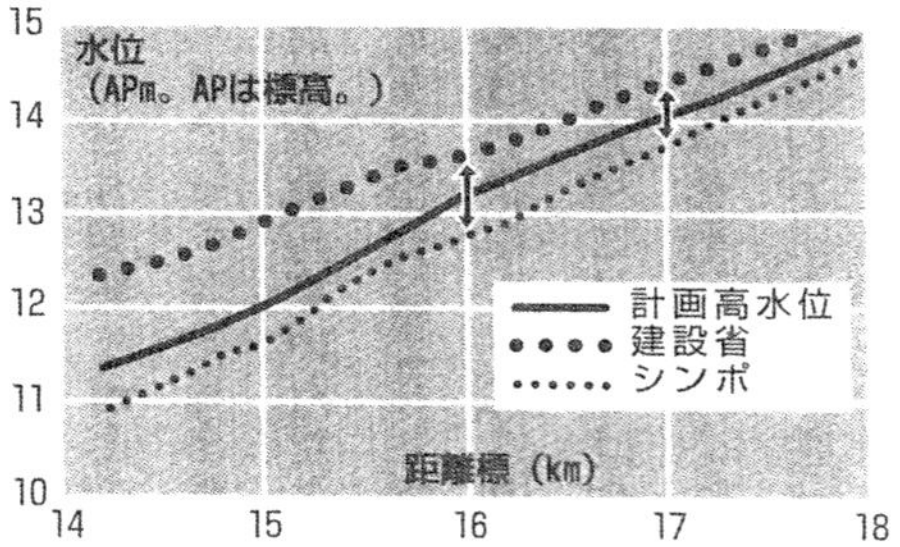

これで建設省の計算水位が実際よりかなり高い理由はほぼ明らかとなった。「計算上の堰」の高さと長さの設定が適切でないのである。それでは、建設省が想定している一五〇年に一度の洪水(一九〇〇〇トン/秒)が第十堰を流れたとしたら、どれくらいの水位となるのだろうか。建設省が言うように本当に危険水位を超えてしまうのだろうか。建設省と吉野川シンポの計算方法による計算結果を示しているのが**資料8**のグラフである。

真ん中の太い実線が整備計画の基準となっている計画高水位である。前述のようにこれを超えると洪水の危険があるので危険水位とも呼ばれている。いちばん上の太い点線が建設省の水位計算(前述の②の方法)の結果である。これによると河口から一六キロメートル地点を含めてすべての区間で危険水位(計画高水位)を超えている。そして、いちばん下の細い点線が吉野川シンポの水位計算(前述の③の方法)の結果である。こちらは河口から一六キロメートル地点を含めてすべての区間で危険水位を下回っている。

読者の皆さんは、実際の水位より過大になる建設省の計算と、

〈資料9〉建設省が使う第十堰の図

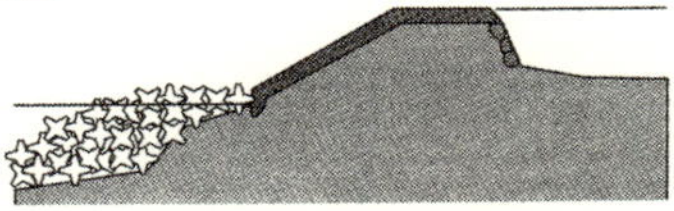

※縮尺がタテヨコ違うために突出している。

〈資料10〉実際の第十堰の断面図

※川底に貼り付き、安定している

実際の水位とほぼ一致する吉野川シンポの計算とどちらが正確で信頼できるとお考えになるだろうか。実際の水位をより的確に再現している吉野川シンポの計算によれば、一五〇年に一度の大雨が降っても第十堰が障害となって危険水位を超えることはないのである。

建設省は、**資料9**の図を使って第十堰は水流を妨げて危険であると宣伝してきた。しかし、この図は縦方向の縮尺と横方向の縮尺が違うため（前者が大きく、後者が小さい）、第十堰が河床から突出して危険であるような視覚的効果（つまり錯覚）を生んでいる。縮尺を同じにすると**資料10**の図のようになる。実際の第十堰は河床にへばりつくような形態をしており、大雨が降ると水面下に沈んでしまう。第十堰は固定堰なので堰上げを生じるが、その程度は洪水が起こるほど危険ではないというのが正確な事実といえよう。

このように可動堰建設の最大の理由はもはや根拠を失っている。実は、このことは水位計算をするまでもなく事実によって

〈資料11〉固定堰の場合

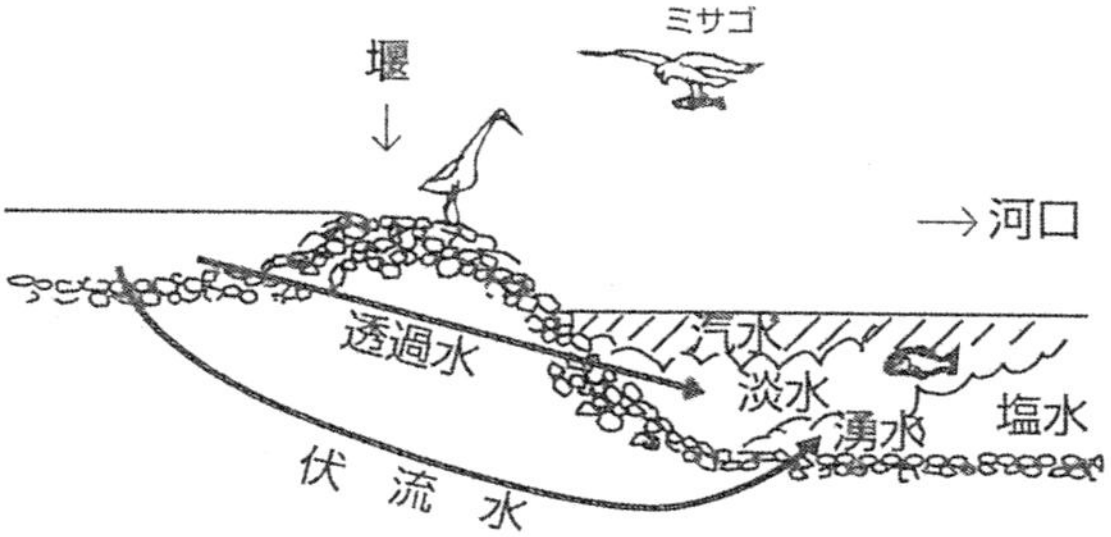

証明されている。建設省は一五〇〇年に一度の大雨が降ると洪水が起きるとしているが、第十堰ができてから二五〇〇年の間に第十堰が原因で洪水が起きたという記録は一度もないからである。建設省のいうような危険性が本当にあるとすれば、少なくとも一度は洪水の記録が残っていなければおかしいだろう。過去の吉野川の大洪水は堤防がなかったことが主な原因であり、第十堰とは関係がない。建設省や徳島県による可動堰の説明会では常にせき上げによる洪水の危険性が強調されていたが、だれかが「本当に溢れたことはあるのですか」と質問すると、説明者は気の毒なほど慌てていた（実はそれを承知の上での「やらせ」の質問のこともあったのだが）。

環境への影響

一五〇〇年に一度の大雨によって第十堰で洪水が発生する可能性はきわめて低いが、その反面で可動堰建設によって環境に対する多大な悪影響が発生するおそれはきわめて高いと考えられる。

〈資料12〉可動堰の場合

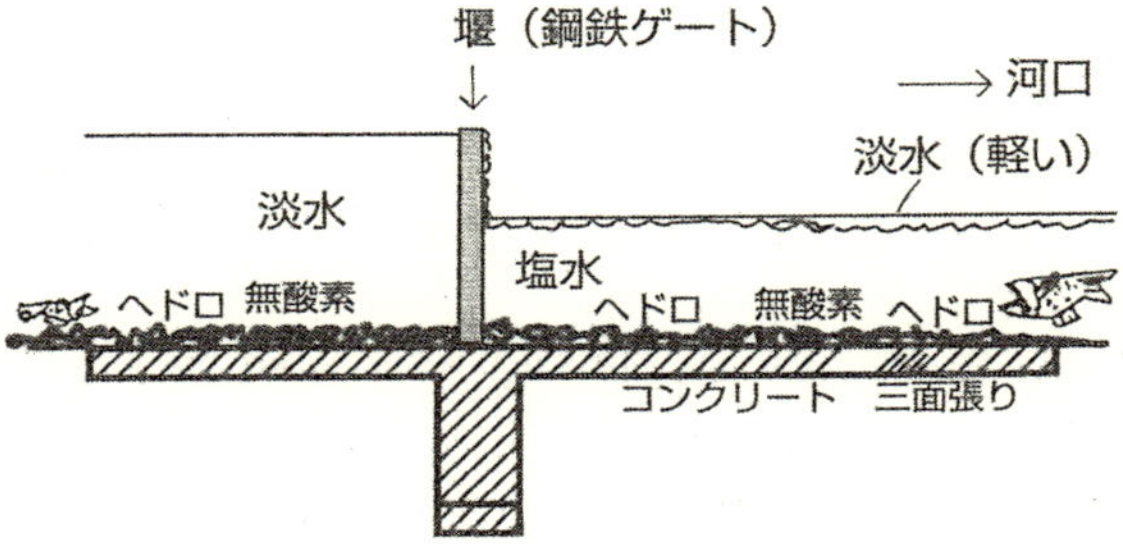

今の第十堰は基本的に石組みであるから、**資料**11の図のように常に堰本体の間を透過水が流れているほか、堰の下の地盤を伏流水や地下水が流れている。このような透過構造であるため第十堰が吉野川をせき止めても水が淀むことはなく、ましてヘドロが溜まるようなことはまったく起こっていない。第十堰はいわば天然のフィルターの役割を果たしているといえるだろう。堰上流の淡水域や堰下流の汽水域には多くの種類の魚介類が暮らしており、多数の鳥類も集まっている。

ところが、もし可動堰が建設されると一機五〇〇トン以上のゲートを支えるために可動堰の前後数百メートルはいわゆるコンクリート三面貼りとなり、川底も両岸もコンクリートで固められてしまう。このため**資料**12の図のように透過水や伏流水は遮断されて水は滞留する。その結果として川は無酸素状態となり、さらに川底にはヘドロ（有機物を多く含む泥状の物質。役所用語ではシルトといわれることもある）が堆積する心配がある。長良川ではこのような心配が現実となり、シジミがほぼ全滅してしまったことは前述の通りである。長良川河口堰付近では一隻二億円の空気ポンプ船を七隻浮かべて酸欠状態となった川底に酸素を送り込んでいるという。

長良川河口堰では、上流側の水が堰によってせき止められ、再び下流に流れ出すまでの滞留期間は平均して一四日である。吉野川に可動堰ができると水の滞留期間はどれ位になるのだろうか。ある国会議員が当時の橋本龍太郎内閣に国会法七四条に基づいて質問したところ、政府の回答は三〇日と予想されるというものであった。吉野川の可動堰は長良川河口堰より規模が大きいため、滞留期間も二倍になるのである。滞留期間一四日の長良川であれだけの影響があったのだから、滞留期間が二倍以上の吉野川ではもっと大きな影響があると考えるのが普通だろう。

しかし、建設省の可動堰推進パンフレットは「固定堰を可動堰にかえたとしても環境はほとんど変わりません」と明言している。その理由は、長良川は河床勾配が緩やかで流れが遅いが、吉野川は河床勾配が急で流れが速く、流域の人口からみても吉野川は長良川のように水質が悪くない（そういうと岐阜の人は怒るそうだが）からヘドロは溜まらないのだという。つまり、長良川と吉野川は違うというのである。

一〇〇〇メートル流れると河床の標高が一メートル低くなることを一／一〇〇〇の河床勾配という。長良川の河床勾配は一／一〇〇〇〇から一／五〇〇〇であるのに対し、吉野川は一／一〇〇〇である。吉野川の流域には大都市や工業地帯はない。では河床勾配が急で水質がよいとせき止めても影響はないのだろうか。ここで思い出されるのが黒部川の出し平ダムのことである。出し平ダムでは一九九一年一二月に排砂ゲートから排砂を行ったところ、ヘドロ状の土砂が流れ出して富山湾の漁業に大きな損害を与えるという事件が発生した。

黒部川の河床勾配は山間部で一／五から一／八〇、下流の扇状地でも一／一〇〇であり、山間部は滝のような急勾配である。上流部は人が住むどころか近づくことも困難な渓谷が続いている。このような日本有数の急流と清流をもって知られる黒部川でもダムにはヘドロが堆積するのである。ヘドロは落ち葉や枯れ枝などの有機物が腐敗して発生するのだから、どんな清流でも流れをせき止めれば常に発生する可能性がある。川をせき止めるという行為が水質や環境に与えるダメージは、私たちが漠然と思っているよりもはるかに大きいのだろう。長良川と吉野川は違うのではなく、長良川とすべての川は同じなのかも知れない。

財政への影響

吉野川の可動堰の建設費は一〇四〇億円、完成後の年間維持費は七億円とされている。長良川河口堰の建設費は一六〇〇億円、年間維持費は一五億円である。長良川河口堰は全長六六一メートルであるが、吉野川の可動堰は全長七二〇メートルであるから建設費はもっとかかるはずであり、実際には二〇〇〇億円程度、年間維持費は二〇億円程度ともいわれている。

仮に一〇四〇億円としても、人口約八一万の徳島県民一人あたり一二万八〇〇〇円かかることになる。このうち徳島県の負担部分は約一六〇億円なので県民一人あたり二万円の負担となる。単純な金額よりも費用に見合った効果（費用対効果）があるかどうかが問題だが、前述のようにせき上げによる洪水の危険が存在せず、可動堰建設の最大の根拠が消滅したのだから、効果はゼロであって話にならない。

その反面で国や地方の財政は逼迫しており、財政が破綻して本来の行政サービスが提供できなくなった自治体が現れていることは周知の通りである。二〇一一年三月現在で国と地方の長期債務残高は八六八兆円（一〇〇〇兆円を超えるという統計もある）、しかもその金額は金利などによって一秒あたり七二万円、一時間あたり二六億円増加しているという。また財務省の統計でも二〇一〇年の日本の債務はGDPの一九九・二パーセントに達しており、これは二番目に悪いイタリアの一三一・〇パーセントを大きく引き離して世界最悪の水準である。

徳島県の財政状況も全国の都道府県の中で最悪のレベルにある。自治体の財政の健全さを示す指標の一つとして、最近は実質公債費比率が使われている。実質公債費比率とは自治体の収入に対する負債（借金）返済の割合であるが、従来使われていた指標（起債制限比率）には反映されていなかった公債費に準ずるもの（公営企業の公債費への一般会計繰出金など）を算入し、借金返済の割合をより実態に近づけたものである。この割合が一八パーセント以上になると地方債の発行には国の許可が必要となる。二〇〇八年度決算に基づく徳島県の実質公債費比率は一九・〇パーセントで、起債許可団体となってしまった。二〇〇九年度決算では二〇・七パーセントに悪化し、都道府県では北海道(二四・〇パーセント)に次ぐ二番目の高さ(ワースト二)となった。

このような状況であるから、可動堰が建設されず、国や徳島県がこれ以上の負債を負わなくて済んだことは不幸中の幸いである。可動堰を推進してきた旧建設省や徳島県の職員は、この財政状況を目の当たりにして本来なら街も歩けないはずだ。住民の暮らしへの影響を考えてみても、もし可動堰が建設されていれば徳島県民は生活に不可欠な行政サービスの一部を受けられなくなったり、新たな負担を求められた可能性がある。

徳島に限らず地方では高速道路や空港、ダムなどを求める声が相変わらず大きいが、これらの施設の建設には負担が伴うことを忘れてはならないだろう。それは医療や福祉、教育などのサービスの削減、税や保険料の増額という形で現実となる。私たちは納める税金の額には強い関心があるが、その使い道にはそれほどの関心はない。もしかするとこのような意識のあり方が税金のムダ遣いや財政赤字の最大の原因なのかも知れない。徳島では多くの市民が税金の使い道にも厳しい目を向けたことにより、可動堰建設のための多額の負債を免れることができた。これは貴重な教訓というべきだろう。

第三章　審議委員会とダム堰の会

審議委員会の設置

一九九四年に長良川河口堰が竣工し、運用が始まると、従来から心配されていた環境や財政に対する様々な問題が現実となり、ムダな公共事業の象徴として国民の批判が高まったことは前述の通りである。長良川河口堰はダムや堰だけでなく、公共事業そのものに対して国民が厳しい目を向ける契機となったといえよう。

このような状況の中で、九五年七月、建設省はダム建設の事業評価を改善する試みとして、全国の一一の事業

吉野川の河口

を対象に審議委員会を設置した。徳島県ではそのうち二つの審議委員会が設置されることになった。一つが第十堰の可動堰化を審議する吉野川第十堰建設事業審議委員会であり、もう一つが那賀川上流の木頭村で計画されていた細川内《ほそごうち》ダム建設を審議する委員会である。

このうち細川内ダムの方は、ダム建設絶対阻止を公約として当選した藤田恵村長が審議委員会への参加を拒否したため委員会が発足せず、二〇〇〇年一〇月には事業中止となっている。木頭村は「ダム建設阻止条例」を制定していたことでも知られている。木頭村は特産品を製造・販売する株式会社「きとうむら」を設立し、ダムに頼らない村作りを進めている（木頭村は合併により那賀町となった）。

吉野川第十堰建設事業審議委員会（以下、「審議委員会」という）は、合計一一人の委員によって発足し、九五年一〇月二日の第一回委員会から九八年七月一三日の第一四回委員会に至るまで、約三年にわたり一四回の審議を行った。

この審議委員会とはそもそもどのような組織なのだろうか。当時の河川法（九七年六月改正前のもの）には、ダム事業等を行う際に住民の意見を聴くという趣旨の規定はまったくなかった。河川管理者は何ら住民の意見を聴かずにダムや堰を建設することができたのである。しかし、前述のように長良川河口堰建設などを契機としてダム事業に対する批判の声は従来にも増して高まっていた。そこで建設省は、法律で義務付けられているわけではないが、地元の意見を聴いてダム事業の必要性を評価するために審議委員会を設けることにしたのである。それ自体は住民の意見を反映させるために望ましいことだが、審議委員会のお墨付きを得なければダム建設が不可能になるほど追い詰められていたともいえよう。

猫にカツオ節の番をさせるシステム

この時に設置された審議委員会は法律に基づくものではなく、建設大臣の通達に基づいていた。通達というのは、行政機関の内部で上級機関から下級機関に対して発せられる職務命令である。建設大臣が部下である各地の地方建設局長に対し、審議委員会を設置して議論せよと命令したのである。大臣からの命令であるためか、審議委員会の構成はかなり詳細に指示されている。通達によると、一つの都道府県のみに関係する事業の委員は一〇人程度とされ、内訳は、①学識経験のある者(四人)、②関係都道府県知事、③関係市町村長(二人)、④関係都道府県議会の議員(一人)、⑤関係市町村の議会の議長(二人)とされていた。

吉野川の審議委員会はほぼ通達に従って構成されており、①の学識経験者は五人(徳島新聞論説委員長、大学教員二人、弁護士、県商工会議所連合会会頭)、②は徳島県知事、③は徳島市長および藍住町長(可動堰が建設される地点の右岸が徳島市、左岸が藍住町である)、④は徳島県議会議長、⑤は徳島市議会議長および藍住町議会議長の計一一人が選任された。なお、通達は都道府県知事以外の委員は都道府県知事が推薦するものとしていた。

通達が委員の構成をこのように定めているのだから、学識経験者委員の具体的な人選を除き、これ以外の構成とする余地はほとんどなかったと思われる。学識経験者の中には可動堰に批判的な委員が少なくとも一人はいたが、まったくの少数派であった。過半数を占める議会・行政関係者（②～⑤）はいずれも可動堰建設を推進していた。中でも徳島県知事の圓藤寿穂《えんどうとしお》氏はその旗振役と見られており、審議の過程でも早くから「可動堰がベスト」という主張を繰り返していた。ある意味できわめて分かりやすい構成であり、審議の開始を待つまでもなくこの委員会の結論を予想することはきわめて容易であった。

なお、委員会の審議の終了後、二〇〇二年三月に圓藤知事は公共事業の受注に便宜を図ったとして収賄の嫌疑で逮捕され、同年一一月に懲役三年執行猶予四年追徴金八〇〇万円の有罪判決を受けることになる。

審議委員会のような審議会は、大臣や地方建設局長（当時）のように最終的な決定をする権限を持った機関（法律用語では「行政庁」という）の諮問に応じ、意見を答申する役割を果たす機関である（法律用語では「諮問機関」という）。審議会（諮問機関）の答申は大臣など（行政庁）を法的には拘束しないが、せっかく設置されて委員の意見を聴いた審議会の答申はかなりの重みを持っている。委員が住民や利害関係人の意見を代表するように選任され、審議会の結論が民意を反映しているのであれば、審議会にはそれなりの存在意義がある。

しかし、審議会は法律や条例に基づかず、通達や規則によっても設置できるので、国や自治体がお手盛りの審議会を設置して都合のよい意見を答申させ、役所の方針にお墨付きを与える手段として利用されることも少なくない。法律の専門書を見ても、審議会は「世論をかわす隠れミノ」、「役所の方針を追認する御用機関」といわれることがあると書いてある。著名な行政法学者である阿部泰隆氏は、このような御用機関を重用する行政のあり方を「猫にカツオ節の番をさせるシステム」、「狼に鳥小屋の番をさせるシステム」と呼んでいる。大事なカツオ節や鳥小屋の番をまったく任せられないような人を委員に任命する審議会がこれに当たる。

第十堰の審議委員会は、流域住民の意見をきちんと反映させて審議会としての機能を全うしたのだろうか。それとも「猫にカツオ節の番をさせるシステム」に過ぎなかったのだろうか。

ダム堰の会の結成

審議委員会を設置する根拠となった建設大臣の通達には、その目的について、大規模な公共事業の事業評価についていっそうの透明性、客観性を確保する一環としてダム事業の評価方策を試行するものと明記されていた。透明性、客観性を確保するというのは、事業が必要とされる理由を地域住民にきちんと説明し、地域住民が事業の必要性をなるほどもっともだと納得できるようにすることである。この通達は建設省が情報公開を推進し、行政の説明責任（accountability）を果たすことを宣言しているのであって、役所としてはたいへん立派な心がけである。

すでに吉野川シンポジウムを結成して可動堰問題に強い関心を寄せていた徳島市民は、この宣言に深く共感し、審議委員会の議論を見守り、応援しようと考えた。そこで一九九五年七月に結成されたのが「ダム・堰にみんなの意見を反映させる県民の会」（以下「ダム堰の会」という）である。メンバーには吉野川シンポジウムの姫野雅義さんを始め、大学教員、建築士、僧侶などが集まり、徳島大学総合科学部の中島信教授が代表を務めることになった。筆者も面白半分に顔を出したのがきっかけでメンバーとなった。

ダム堰の会は、事業計画に住民の意見を反映させる手続のあり方のみを検討の対象とし、可動堰に対する賛否そのものは問題にしないことを活動方針とした。本当にみんなが可動堰は必要だと考えるなら造ればよいと割り切っていたのである。会の名称はこのような方針を明確にするために説明調となり、少し長くなってしまった。

前述のように吉野川シンポは、始めに反対ありきの運動はしない、流域全体で吉野川の問題を考えようというスタンスをとったが、それはダム堰の会にも受け継がれた。このような住民運動のあり方は、後にさらに「徳島方式」として定着していく。

会議の公開問題

第一回の審議委員会は九五年一〇月二日に行われた。これに先だってダム堰の会は審議委員会に対し、会議を公開して市民が傍聴できるように申し入れを行った。審議委員会の目的は事業評価の透明性を高めることにあるのだから、会議を公開するのは当然であろう。

当日、傍聴を希望する何名かの市民は審議委員会の会場となった徳島市内のホテルに出向いて傍聴の申し込みをした。すると建設省の係員は、「委員会の最初に傍聴を認めるかどうかを審議します。それまでこちらでお待ちください」と言って、私たちを別室に案内した。招かれざる客ではないかと思ってやって来たのに、控え室には飲み物も用意してあるという。その控え室はホテルの別館にあり、審議会場からはかなり離れている。係員に引率されて延々と歩きながら、疑い深いメンバーは「われはれは隔離されているのではないか」という疑念を表明した。しかし、筆者はかなり人がよい方なので、あれは今でも建設省の好意だったと理解している。

会場からも報道陣からも遠ざかった控え室で待っていたが、いっこうに埒が開かない。審議が終わってしまったら意味がないので、来た道をはるばると戻って会場前の係員に再度傍聴を申し込むと、報道機関には傍聴を認めるが、一般市民には認めないことになったという。この決定は報道機関や事務局（建設省）も退席して行われたので正確な理由は分からないが、一般市民の傍聴を認めると審議が混乱する、本音の議論ができないなどの意見が大勢を占めたようである。

委員たちは、地域の重要な問題に関心を持ち、傍聴に訪れる市民をマイクを奪う総会屋かヤジを飛ばす国会議員と同列だと考えたのだろうか。そして、市民に聞かれたら困るような本音で事業の必要性を判断するつもりだったのだろうか。いずれにしろ、審議委員会は当初から「事業評価の透明性、客観性を高める」という本来の目的とはまるで反対の決定をしたのである。

この決定に対しては徳島市民の間から激しい批判が起こった。筆者もバスに乗っていたら主婦風の乗客が「非公開の決定はおかしいわよね」と話していたのを聞いたことがある。新聞やテレビも強い調子で批判したためか、第二回の審議委員会では改めてこの問題について審議が行われ、次回から一〇人に限って一般市民にも傍聴を認めることになった。これによって住民の審議委員会に対する信頼はいちおう回復されたが、もし非公開に固執していたら住民の不信はいよいよ増大し、委員会の存在意義はほとんど失われていたのではないだろうか。

審議委員会はホテルの宴会場のようなかなり広い会場で行われたが、中に入れるのは一〇人だけである。一〇人の傍聴人は抽選で選ばれるので、吉野川シンポの姫野さんのようにこの問題に対する関心と見識がきわめて高い市民であっても、毎回欠かさず傍聴することは難しかった。筆者もくじに当たった人に譲っていただき、恐縮したことがある。

傍聴希望者が多かったため、九七年三月からはテレビモニターで会場の外からも審議の様子を知ることができるようにする措置がとられた。しかし、本来はやはり傍聴者を増やすべきだったのだろう。

審議の経過とダム堰の会の活動

審議委員会の会議は、始めのうちは事務局つまり建設省による事業の説明に費やされた。委員による討議が始まったのは第九回委員会からである。委員会に同席しているのは事務局（＝建設省）だけであるから、委員から質問がなされても事務局が事業を推進する立場から答えるだけである。傍聴していた市民は「建設省の説明会」と評した。

建設省の説明を聞くだけでなく、市民団体の意見も聞いて欲しいという要望書が吉野川の未来を考える建築設計者の会、徳島弁護士会、徳島県自然保護協会そしてダム堰の会など様々な団体から出されていたが、委員からは特定の団体の意見を聞くことは不公平であるとか、際限がなくなるという反対論が強く主張されている。九八年六月九日の徳島新聞社説は、このような委員会の姿勢は住民排除の暴論だとして批判している。

第一二回の審議委員会の席上では、学識委員の協議により、反対論に抗して市民団体からせき上げ水位について意見聴取が行われた。せき上げは可動堰が必要とされる最大の根拠であるが、前述のように吉野川シンポ（吉野川シンポジウム実行委員会）は一五〇年に一度の大雨が降っても計画高水位を越えることはないという独自の水位計算の結果を発表していた。

吉野川シンポ代表の姫野雅義さんはこの水位計算の結果を審議委員会の委員たちに説明したが、スライドや図表が効果的に使用された説明は河川工学の専門知識を有しない委員や一般市民にも理解できるように周到に準備されていた。しかし、建設省から計算に使った数値に誤りがあることが指摘され、その点に論議が集中して肝心の計算方法と計算結果について議論が深まらなかったことが惜しまれる。後に数値の誤りは訂正されたが、計画高水位を越えないという結論に変わりはない。

市民の意見を聴く機会としては、三回にわたる公聴会も行われた。第一回は第十堰改築の必要性について、第二回は改築の方法について、第三回は環境問題についてそれぞれ賛否九名ずつ住民の意見を聞き、質疑を行った。委員が公述人の意見を五段階評価で評価したが、評価の基準や結果は公表されておらず、過去の洪水体験を語った可動堰推進の意見が高得点を得たともいわれている。

専門家の意見を聴くために技術評価報告会も二回行われた。これは土木学会から推薦された六名の専門家に審議委員会が技術資料および代替案の評価を依頼し、その報告を受けたものである。

ダム堰の会は、メンバーの多くが審議委員会の会場に出かけて委員会を傍聴し、あるいはモニターテレビを通して議論を見守った。これに合わせてせき上げなどの争点や審議会の問題点について勉強会を開催し、多数の市民が訪れるようになった。いつも熱心に出席している高齢の女性がいたが、嫁入り以来ほとんど一人で出かけることのなかった女性がひんぱんに外出するようになり、近所の人の間では、あのおばあちゃんはどうしたのか、いい人でもできたのではないかなどと噂になったそうである。

九六年一月には、ダム堰の会と吉野川シンポが協力して「私たちの吉野川・第十堰を考えよう―県民の集い」を開催した。冬の寒い日に徳島市郊外にある交通不便な会場で行われたにもかかわらず、会場には定員の二〇〇名を超える人々が集まった。

第一部では、徳島工事事務所長らの建設省と姫野雅義さんらの市民グループがそれぞれの意見を説明し、それに基づいて会場の市民も交えて議論を行った。資料を駆使したプレゼンテーションはいずれも充実し、せき上げなどの対立する論点について議論もかみ合って、会場の市民は第十堰の問題について理解を深めることができた。

第二部では、理論物理学者の佐治晴夫氏(玉川大学教授・当時、二〇一三年三月まで鈴鹿短期大学学長)により、「宇宙・揺らぎ・人間―最新宇宙論から見た人間と自然」というテーマの講演が行われた。この頃には数十センチのせき上げ水位に議論が集中していることに対し、姫野さんなど市民の側は疑問を感じ始めていた。そこで大所高所から問題の本質を考えるような企画が必要だということになり、筆者が以前から存じ上げていた佐治先生に講演をお願いした。宇宙の中で人間と地球環境がいかに微妙で貴重なものであるかを分かりやすく説くお話は、満員の聴衆に深い感銘を残した。

第一部で工事事務所長が「地球に優しい建設省になりたい」と発言したのに対し、佐治先生は「地球の大きさをリンゴに例えれば、空気の厚さはわずかハガキ一枚。人間は簡単に滅びるけれど、地球は簡単に壊れません。地球に優しいというのは人間のおごりです」と語ると、しんみりと聞き入る所長にはこの言葉がきちんと響いているようだった。筆者はなかなか感受性のある人だと所長を見直したものである。

審議会の結論と世論の反発

約三年にわたる審議委員会の議論が進むほど、徳島では可動堰に反対する世論が高まっていった。**資料13**は審議委員会が最終的な結論を出す直前に地元の四国放送が行った世論調査の結果である。これによると徳島県全体で可動堰に反対する意見は五三・七パーセントと過半数に達し、賛成する意見は二九・四パーセントである。

これを第十堰周辺の二市六町だけで見ると、反対は五七・一パーセントに増加する。奇妙なことに可動堰によって洪水から守られるはずの地域ほど反対が多いのである。それはおそらく周辺の人ほど第十堰が原因で洪水が起こったりはしないことを経験的に理解しているからであろう。堰周辺の人にとって「お堰」は洪水の流下を妨げる障害物ではなく、古来から分流機能によって流域の生活を支え、魚や鳥などの生き物が集う地域の財産なのである。

審議委員会の結論の前日には参議院選挙があり、徳島選挙区では可動堰問題が重要な争点の一つ

〈資料13〉四国放送による世論調査結果

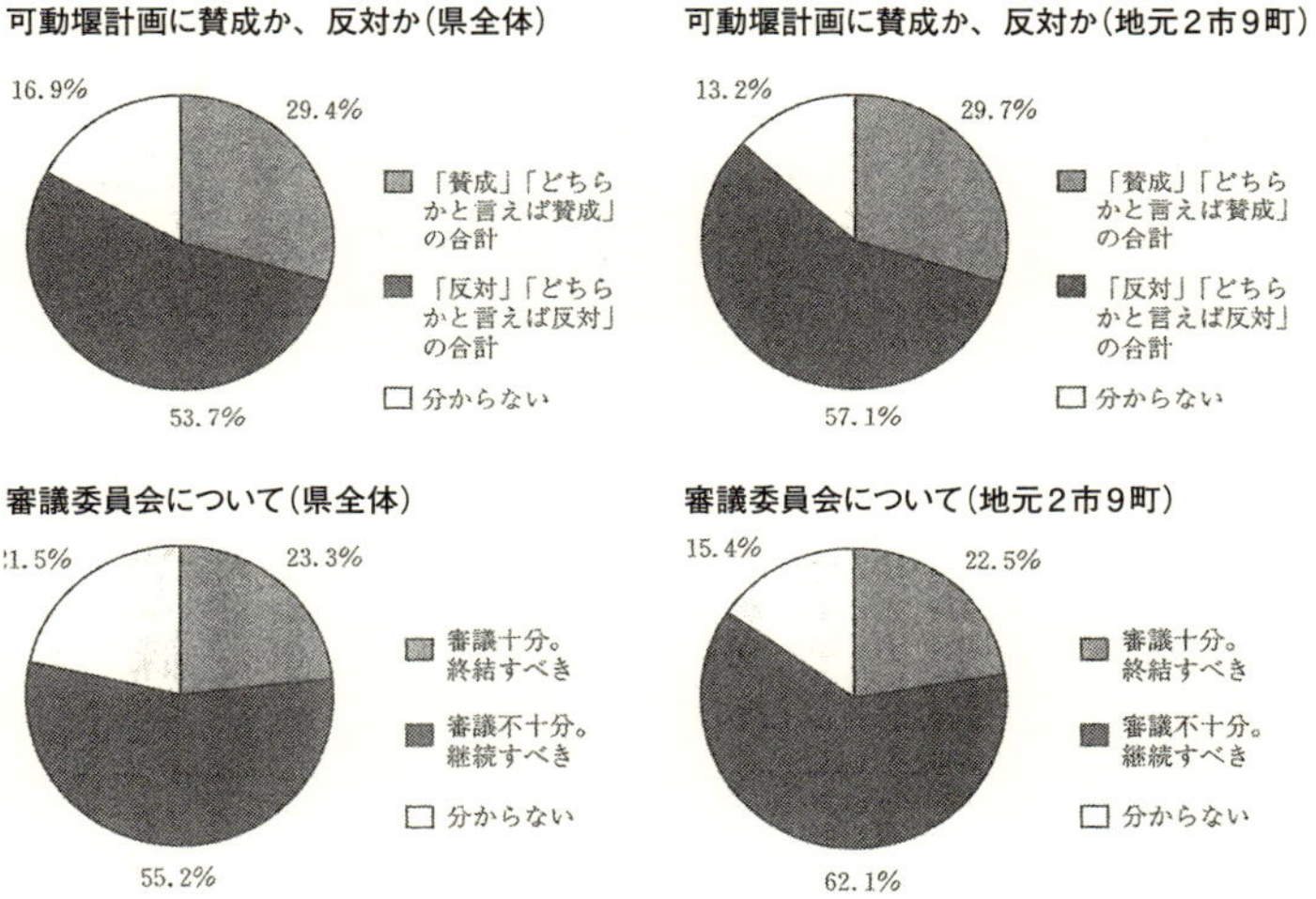

になった。開票の結果、可動堰推進を掲げる現職候補が落選し、慎重論に立っていた新人候補が当選を果たした。

最後の審議委員会は奇しくもその翌日に予定されていた。はっきりと示された民意を前に、委員たちは苦渋に満ちていた。結論を延期するのではないかという見方もあったが、審議委員会は「可動堰建設は妥当」とする最終的な意見をまとめ、四国建設局長に答申した。

審議委員会は結論に至るまでの約三年間に一四回の通常の委員会、二回の技術評価報告会、三回の公聴会を行った。審議経過を振り返ってみると、相当な時間と労力が費やされてきたことは疑いがない。しかし、審議委員会の結論は住民の理解を得ることができなかった。その理由は次に見るようにはっきりしているのではないだろうか。

可動堰のような対立する争点について地域住民の合意を形成するためには、賛否両論について根拠を示し、議論を尽くすことが不可欠である。賛否両論を比較しなければ、住民はどちらが説得的であるかを判断し、自分の意見を決めることができないからである。

審議委員会は本来はそのための絶好の機会となるはずだった。ところが始めの九回は「建設省の説明会」と評されたように一方の立場からの説明が続き、その後もせき上げ、深掘れ、老朽化、環境・財政への影響というような重要な争点について議論が深まることはほとんどなかった。会議の公開や外部からの意見聴取に消極的だったことから見ると、むしろ争点について議論を深めることを回避していたとさえいえるように思われる。

審議委員会の審議に並行して石井町、板野町、松茂町など、流域自治体の議会では可動堰促進決議が相次いだ。筆者はいくつかの町の議事録を見たが、討論もないまま他の議題と一括して議決されていた。決議文の内容はどの町でもほとんど同じだったが、郡の議長会が作成した決議文をそのまま議決したためであると報道されている。

可動堰建設に限らずあらゆる政策にいえることだが、住民の合意形成のために必要なのは議会や審議会が議決したという形式ではなく、住民の理解を得るという実質である。住民の理解が得られるように議論を深める努力をせず、形式的な議決をしてみても住民の不信が高まるだけのことである。審議委員会の議論が進むにつれて反対の世論が高まった理由はもはや明らかである。

最近ではダム事業を含む河川整備のあり方を議論するために「流域委員会」を設置する事例が増えている。中でも二〇〇一年に設置された淀川水系流域委員会は多彩な人々が委員に就任し、真剣な議論を続けた結果、「原則としてダムは造らない」という提言をしたことで注目されている。

淀川の流域委員会は、本気で河川行政を変えようという河川官僚の強い問題意識に支えられていた。二〇〇〇年に委員会の設置が決まった当初から、国土交通省近畿地方整備局河川部長だった宮本博司氏は、始めに結論ありきの「お墨付き委員会」にはしないという姿勢で取り組みを始めた。宮本氏はあの長良川河口堰の所長も務めた人だが、むしろその経験から「国に任せてください」と言っていた河川行政を「勝手にしません」という方向へ転換しなければならないと痛切に感じていたそうである。

お墨付き委員会にしないために、宮本さんたちは二〇〇〇年にまず「準備会議」を設置した。そして、委員の選任は公開で第三者機関が行う、情報を公開・発信する、事務局は国交省から独立させるなどの試みを行った。このような手法は、「猫にカツオ節の番をさせるシステム」と化した審議会行政を抜本的に改革する切り札として注目される。

筆者は二〇〇八年一一月に京都大学で行われた「川のシンポジウム」で宮本氏の講演を聴く機会があったが、それによると淀川流域委員会に対する国交省の態度は、「非常に面白そうだ。任すからやれ」から、「淀川、けしからん」そして「潰せ」と変わっていったという。宮本氏は国交省を退職（それには「千の理由がある」そうである）された後、第四代の淀川流域委員会委員長に選任された。

ダム堰の会のメンバーとして吉野川第十堰建設事業審議委員会を観察した筆者としては、このような流域委員会や河川官僚が現れたことに隔世の感を抱いている。

第四章　住民投票の会と直接請求

住民投票の会の結成

一九九八年七月に審議委員会が可動堰建設は妥当とする答申を出すと、建設省と徳島県はこれを錦の御旗として可動堰着工に向けていよいよ団結を強めていった。合い言葉は「住民の生命、財産を守る」である。だれも反対できない単純明快なスローガンであるが、読者の皆さんはきっと違和感を抱かれていることだろう。本書のこれまでの検討によれば、一五〇年に一度の大雨が降っても第十堰が原因となって洪水が起こるおそれはないことは

1999年の踊りには、住民投票の実現を呼びかける連も参加した。

証明されている。そして、可動堰建設の費用負担によって医療や福祉、地震対策などの財源がますます逼迫し、むしろ住民の生命、財産を脅かすおそれがあることは明らかだからである。

参議院選挙や世論調査の結果を見れば、住民の多くは可動堰建設に批判的であった。民意を無視して可動堰建設を強行しようとする行政の姿勢に対し、市民の間からはきちんと住民の意見を聞いて欲しいという声が高まった。可動堰建設のような個別の争点について、もっとも的確に民意を反映することができるのは住民投票である。この時期は既に九六年八月に新潟県巻町で原子力発電所建設の賛否を問う住民投票が実施され、日本でも住民投票は新しい民主主義の手法として活用され始めていた。そこで、徳島では可動堰建設の賛否を問う住民投票を実施することを目的として、九八年九月に「第十堰住民投票の会」（以下「住民投票の会」という）が結成された。

そういうと何か政治結社か宗教団体のような強固な組織が結成されたような印象を与えるかも知れないが、実際は規約も会員登録もない同好会のような緩やかな組織である。メンバーは多士済々で、教員、公務員、医師、弁護士、会社経営者、商店主、農家、建築家、僧侶、学生、退職者、主婦などが集まった。サラリーマンよりは専門職、自営業が多かったが、一大勢力であった主婦の配偶者には会社員も多く、自ら活動はできないが会の活動には大いに賛同しているというケースが目立っていた。

代表世話人には吉野川シンポ代表の姫野雅義（司法書士）、タウン誌社長の住友達也、デザイナーの板東孝明、主婦の河野満里子の各氏が選ばれた。全体をまとめるリーダーの姫野さんを始めとして、いずれもほとんど政治や政党に関わりのない普通の市民である。会を結成する際には主導権を握ろうとした政党関係者もいたが、姫野さんは政党の支援は歓迎するが、運動の中心からは一歩下がってもらいたいという方針を貫いた。それは住民投票を党派的な活動ではなく、広く市民のものにしたいという姫野さんの戦略に基づいていた。そのため住民投票の会はほとんど政党色のない組織となったが、この戦略によって運動の輪が広がり、結果的に大きく功を奏することになる。

住民投票の会の事務所として、ある会社が広い駐車場付きの建物を無償で提供してくれた。県庁にも近いこの事務所は住民投票の牙城となった。

住民投票の会は、ここを拠点としてまず県都である徳島市で住民投票の実現を目指すこととした。吉野川の治水はもちろん徳島市だけの問題ではなく、第十堰の周囲だけでも徳島市のほかに右岸側の石井町、左岸側の藍住《あいずみ》町が境を接している。しかし、前述のように可動堰建設によるせき上げ水位低下の効果は第十堰の上流五キロメートルでゼロになるのだから、これより上流域は直接影響を受けないことになる。住民投票の会は、まず徳島市で投票を実現し、必要に応じて県内の他の地域でも実施を検討することとした。

住民投票とは

これから本書では住民投票の実現へ向けての市民の動きを読者の皆さんにご報告することになるが、ここでそもそも住民投票とはどのような制度なのか、なぜ住民投票が必要となったのかということについて少し説明をさせていただきたい。

まず、住民投票とはどのような投票のことなのだろうか。私たちに一番身近な投票は選挙の投票だが、選挙の投票を住民投票とはいわないであろう。つまり、間接民主制の代表を選ぶ投票ではなく、ある問題について直接住民の意思を問う直接民主制の投票のことを住民投票というのである。

住民投票には、表決（referendum）、発案（initiative）、罷免（recall）の三つの種類がある。表決とは、可動堰や原発の建設など、ある争点について賛否を問う投票である。住民投票というときには表決の投票を意味することがもっとも多い。発案とは、条例案や法律案を提案して制定を求める投票である。罷免とは、首長や議員など公職にある者を辞めさせるリコールの投票である。

本書を執筆している二〇一三年三月の時点で、このうち法律で手続が規定されているのは事実上罷免（リコール）の投票だけである。地方公共団体（都道府県および市町村）の住民は、有権者の三分の一以上の署名を集めることにより、選挙管理委員会に対して議会の解散請求、議員の解職請求および長の解職請求をすることができる（地方自治法七六、八〇、八一条）。投票の結果、過半数が賛成すると、解散・解職が成立する。最近報道された鹿児島県阿久根市の市長の解職請求や名古屋市議会の解散請求は、いずれもこの手続によって行われた。

発案の投票を定めた法律の規定は存在しない。発案と少し似ている制度として、地方自治法七四条の条例の制定改廃を求める直接請求の手続がある。地方公共団体の住民は有権者の五〇分の一以上の署名を集めることにより、長に対して条例の制定、改正および廃止を請求することができる。請求があると、長は議会を招集して意見を附けて議会に付議し、議会が可決すると条例の制定改廃が成立する。この手続は必要な署名数が有権者の五〇分の一と少なく、ハードルは低いが、最終的な判断は議会の議決に委ねられている。住民投票が行われるわけではないので、この手続は発案の住民投票ではない。

住民がある争点や政策に反対するのではなく、ある政策の実現を求めるためには、それに必要な条例案を添えて発案の住民投票を行う必要がある。そのためには投票を求める住民の側に条例案を起草する能力が必要であり、また、発案の投票手続を規定する際には議会の条例制定権との調整を行う必要がある（住民が提案した原案とは異なる修正案を議会が可決した場合の取り扱いなど）。これらの課題は既に解決されたか、あるいは十分に解決することが可能であり（前記の例では、原案と修正案のいずれに賛成するかを問う住民投票を行うことが考えられる）、今後は提案型の住民投票を実施する手続として、発案の投票の法制化・条例化を検討する時期に来ているといえよう。

表決の投票は、現時点でもっとも必要とされている住民投票の類型といえる。これまでに行われた原子力発電所、産業廃棄物処理施設、市民ホールそして可動堰の建設など、特定の争点の賛否を問う投票はいずれも表決である。

しかし、現時点で法律が表決の投票手続を定めているのは、①憲法改正のための国民投票、②憲法九五条の特別法を制定するための住民投票、③市町村合併のための合併協議会の設置を求める住民投票の三つだけである。①はまだ一度も行われておらず、②は一九五一年までに「広島平和都市建設法」など一八の特別法を制定するために投票が行われた実績があるが、今日ではまったく行われていない。

③は、「市町村の合併の特例に関する法律」（平成三二年三月三一日まで有効の時限立法である）に規定されており、地方公共団体の有権者の六分の一以上の署名によって請求すると住民投票が行われ、過半数の賛成によって合併協議会が設置されるという制度である。法律が定める表決の住民投票手続という点では注目されるが、合併の賛否を住民に問うわけではなく、合併協議会設置の賛否を問うというきわめて限定的な効果を有するに過ぎない（総務省のホームページによると二〇一〇年一〇月までに五三件の投票が行われている）。

以上のように、法律が定める表決の住民投票は特殊なものに限られている。今の日本には、可動堰建設のように地域の重要な争点について表決の住民投票を行うための手続を定めた法律はないのである。そこで、表決の住民投票を行うためには条例を制定する必要がある。新潟県巻町の投票を始めとして、これまでに行われた重要な住民投票はいずれも投票を実施した地方公共団体が住民投票条例を制定し、これに基づいて行われている。

住民投票の実情

日本では戦後間もない頃から前述の憲法九五条に基づく特別法を制定するための住民投票や市町村合併の賛否を問う住民投票など、意外なほど多くの住民投票が行われていた。しかし、その対象となる事項や影響は限定的であった。その後、一九八〇年代になると原子力発電所の賛否を問う住民投票条例が各地で制定され、社会的に注目される重要な争点について住民投票が求められるようになる。八二年七月には高知県窪川町、九三年には三重県南島町、同年一〇月には宮崎県串間市、九五年六月には新潟県巻町で原発の賛否を問う住民投票条例が制定され、どこで最初に投票が行われるのかが注目されていた。

そして九六年八月四日に新潟県巻町で原発の賛否を問う住民投票が行われ、反対多数となって原発の建設計画は中断した。この投票を契機として、日本の各地では地域の重要な問題について住民投票が行われる時代が到来する。**資料14**は巻町の投票から二〇一三年五月に東京都小平市で行われた道路計画の見直しの賛否を問う投票までの二一件について、その結果をまとめたものである。投

〈資料14〉日本の住民投票(合併以外の重要争点に関するもの)

○は有効投票(または投票総数)のうち賛成の割合、×は反対の割合　＊は投票の効果

1.	新潟県巻町(96.8.4)「原子力発電所建設」 町長提案　投票率88.33%　○38.8%　×61.2%　＊○計画中止
2.	沖縄県(96.9.8)「米軍基地縮小と日米地位協定見直し」 直接請求　投票率59.5%　○91.3%　×8.7%　＊△縮小の議論始まる
3.	岐阜県御嵩町(97.6.22)「産廃処理施設建設」 直接請求　投票率87.5%　○19.1%　×80.9%　＊○計画中止
4.	宮崎県小林市(97.11.16)「産廃処理施設建設」 直接請求　投票率75.9%　○40.6%　×59.4%　＊×施設完成・操業中
5.	沖縄県名護市(97.12.21)「海上ヘリポート基地建設」 直接請求　投票率82.5%　○(条件付賛成を含む)46.2%　×(条件付き反対を含む)53.8% ＊△当初案は中断したが、代替施設建設計画が存続
6.	岡山県吉永町(98.2.8)「産廃処理施設建設」 直接請求　投票率91.7%　○1.8%　×98.2%　＊○計画中止
7.	宮城県白石市(98.6.14)「産廃処理施設建設」 市長提案　投票71.0%　○5.6%　×94.44%　＊○計画中止
8.	千葉県海上町(98.8.30)「産廃処理施設建設」 町長提案　投票率87.3%　○1.7%　×98.3%　＊○県の許可を裁判で取消
9.	長崎県小長井町(99.7.4)「採石場の新設、拡張」 町長提案　投票率67.8%　新設：○50.4%　×45.0%　拡張：○51.9%　×43.3% ＊○採石場を新設・拡張
10.	徳島県徳島市(2000.1.23)「吉野川河口堰建設」 議員提案　投票率55.0%　○8.4%　×91.66% ＊○計画の白紙・凍結を経て国交大臣が中止表明
11.	新潟県刈羽村(2001.4.18)「刈羽原発のプルサーマル計画」 直接請求　投票率88.1%　○42.5%　×53.4%　＊○計画は中断
12.	三重県海山町(2001.11.18)「原発誘致」 議員提案　投票率88.6%　○32.4%　×67.3%　＊○町長が誘致断念
13.	高知県日高村(2003.10.26)「産業廃棄物処理施設建設」 直接請求(再議後再可決)　投票率79.8%　○60.3%　×39.7%　＊○施設建設
14.	千葉県袖ヶ浦市(2005.10.23)「土地区画整理事業」 直接請求　投票率58.0%　○35.0%　×63.5%　＊○事業中止
15.	山口県岩国市(2006.3.12)「米軍艦載機岩国への移駐」 常設型条例・市長発議　投票率58.7%　○10.8%　×87.4% ＊△国に中止を要請したが移駐進捗
16.	千葉県四街道市(2007.12.9)「地域交流センター建設」 直接請求　投票率47.6%　○23.9%　×76.1%　＊○建設中止
17.	沖縄県伊是名村(2008.4.27)「牧場誘致」 村長提案　投票率71.4%　○48.6%(461票)　×48.6%(480票)　＊○誘致中止
18.	長野県佐久市(2010.11.14)「総合文化会館建設」 市長提案　投票率54.9%　○28.8%　×7.7%　＊○建設中止
19.	鳥取市　「市庁舎新築」 議員提案　投票率50.8%　○(新築)39.4%　×(耐震改築)60.6% ＊△市長は改築を表明後、新築に方針転換
20.	山口県山陽小野田市(2013.4.27)「議員定数削減」 常設型条例・住民発議　投票率45.5%　＊不成立により開票せず
21.	東京都小平市(2013.5.26)「都市計画道路計画の見直し」 直接請求・市長提案で修正　投票率35.2%　＊不成立により開票せず

票結果が尊重されたかどうかを報道等によって調査し、筆者の主観によって○△×の三段階で評価した結果を表に記載してあるが、投票結果が無視された例は一件しかなく（小林市の産廃処理施設の投票であるが、ほぼ施設が完成してから投票が行われたのでタイミングが悪かったことが原因であろう）、多くの事例で投票結果は尊重されている。

なぜこのように全国各地で住民投票が求められるようになったのだろうか。日本を含む現代国家は代表民主制（間接民主制）を基本としており、選挙で選ばれた住民の代表が政治や行政を行うのが原則である。しかし、実際には選挙で選ばれた代表が民意を反映せず、住民の望まないことをしようとしたり、住民が望むことをしようとしないという事態がしばしば起こっている。長良川河口堰の建設などはその典型的な例である。

このように議会（政治）や行政と住民との間にギャップが生じ、間接民主制は機能不全を起こしている。そこで、このギャップを埋めて間接民主制の機能不全を回復させるために、直接民主制としての住民投票が求められているのである。住民投票は間接民主制の原則に反するという主張があるが、多くの事例で住民投票の結果は尊重され、議会や行政は民意に添うように政策を改めており、住民投票はむしろ間接民主制の本来の機能を回復させる機能を果たしている。

条例制定の直接請求

前述のように住民投票を行う手続を定めた法律は事実上ないため、徳島市でも投票を実施するためには条例を制定しなければならない。条例を制定するのは言うまでもなく徳島市議会であるが、議会で条例が制定される場合には三つのパターンがある。

一つは市長の提案による場合である。地方自治法一四九条一号は、長は条例案などの議案を議会に提出することができると規定している。実際にはこの市長提案がいちばん多く、議員提案による条例制定は前例がないという議会も少なくない。

二つめは議員の提案による場合である。地方自治法一一二条二項は、議員は定数の一二分の一以上の賛成によって議案を提出することができると規定しているので、この規定によって条例案を提出することができる。議員は条例の議決権を有するのだから議員提案が本来のあり方のように思われるが、件数は少ない。

三つめは住民からの直接請求による場合である。前述のように地方自治法七四条は、有権者の五〇分の一以上の署名によって長に条例の制定改廃を請求できると規定している。長は意見を附して議会に付議し、議会が可決すると条例が制定(または改廃)される。最終的な判断権は議会にあるが、長や議員が条例を制定しようとしない場合はこの手続によるほかはないことになる。

住民投票を行うためには徳島でもまず住民投票条例を制定しなければならないが、徳島市議会は可動堰建設の促進決議を行っており、当時の小池正勝市長も可動堰建設に賛成の立場をとっていた。このように議会と行政は可動堰に賛成しているのであるから、自らの政策に異議を唱えようとする住民投票のための条例を提案したり、ましてや可決することはほとんど期待できなかった。

そこで住民投票の会は地方自治法七四条に基づいて、住民投票条例の制定を求める直接請求を行うこととした。しかし、最終的な判断権は議会にあるので、せっかく署名を集めても否決されてしまう可能性が高い。そこで住民投票の会は、必要な署名数は有権者の五〇分の一であるが、署名数の目標を有権者の三分の一に設定した。本書でも罷免の投票のところで説明したように、有権者の三分の一の署名を集めると議会の解散請求や市長や議員の解職請求（リコール）をすることができる。リコールされてしまうほどの署名が集まれば、市長や議会はビックリして真剣に審議し、条例を可決するだろうと考えたのである。

当時の徳島市の有権者数は二〇万八一九四人（九八年一二月二日現在）であるから、その五〇分の一は四一六三人だが、三分の一は六万九三九八人となる。よって七万人を目標とした。リコールに必要な三分の一の署名という要件はかなりハードルが高く、小さな市町村では集めることができても県庁所在地クラスの大きな都市では無理ではないかと言われていた。筆者は半信半疑であったが、リーダーの姫野さんには十分に勝算があったようである。

直接請求をするためには、まず代表者が請求の要旨（一〇〇〇字以内）その他必要な事項を記載した条例制定請求書を市長に提出し、代表者証明書の交付を申請しなければならない（地方自治法施行令九一条一項）。代表者は住民投票の会の代表世話人となった前述の四名である。

筆者は条例案の起案と請求の要旨の作成を担当した。この時期には既に巻町で住民投票が行われていたが、巻町の住民投票には数人の弁護士が関わっており、法律の専門家によって優れた内容の住民投票条例が制定されていた。巻町の条例はその後に続く住民投票の際にお手本となり、徳島でも条例の起案は容易であった。

条例案の第一条は、「この条例は、吉野川の可動ぜき建設計画について市民の意思を明らかとし、もって吉野川の河川整備計画に市民の意見を反映させることを目的とする。」として、この条例の目的を簡潔明瞭に規定した。

投票資格者（投票の資格を有する市民であるが、徳島では有権者のみとした）は賛否いずれかを二者択一で投票する（一一条三項）。他の住民投票の事例では、条件付賛成、条件付反対などの選択肢を設けて三者択一、四者択一にする例もあるが、これでは得票が分散して民意が分からなくなることがある。住民投票は世論調査ではなく、やるかやらないかを決める政策決定なのであるから、論点を整理して必ず二者択一で実施するべきである。

そして、「市長は、住民投票における有効投票の賛否いずれか過半数の結果を尊重し、国、県その他の関係機関及び関係団体と協議して、可動ぜき建設計画に市民の意見が反映されるように努めなければならない。」として、市長には投票結果を尊重する義務があることを規定した（四条二項）。住民投票には結果に法的拘束力がある「拘束型」と、法的拘束力はなく尊重義務があるだけの「非拘束型」があるが、この条例は非拘束型である。

憲法九四条は、地方公共団体は「法律の範囲内で条例を制定することができる」と規定しているので、条例に基づく住民投票によって法律で認められた長や議会の権限を拘束すると、法律の範囲内という制約を超えてしまうのではないかという疑義がある。これまでに行われた条例に基づく住民投票はいずれも非拘束型であった。しかし、非拘束型であってもその争点について直接民意が示された住民投票の結果には非常に大きい政治的な重みがあり、前述のように投票結果はおおむね尊重されている。よって、徳島市の条例も非拘束型とした。

条例案と請求の要旨は署名収集の際の署名簿にもそのまま記載することになる。実際に制定された条例は議会によってとんでもない改変を受けたが、当初の市民案と請求の要旨は**資料15**として本書に収録したのでご参照いただきたい。

署名の収集

署名収集期間は市の場合は一か月（都道府県は二か月）と法定されており、九八年一一月二日から一二月二日までと決定した。住民投票の会は、一一月二日の午前零時に市内の繁華街でカウントダウンを行った。会のメンバーの酒店の主人が酒を振る舞い、通行人も巻き込んで市民は気勢を上げた(実際に署名収集ができるのは午前八時三〇分に市役所に公示がされてからである)。

一一月三日には、署名を呼びかける市民のパレード(デモ行進とは言わない)が秋晴れの町に繰り出した。先頭を行くのはモデルクラブのモデルたちである。これは住民投票の会のメンバーの僧侶のアイデアによるもので、後に続いた労働組合の活動家からはいつもと勝手が違うためか「スマートすぎてついていけない」という嘆声が聞かれた。

直接請求の署名収集には法令で様々なルールが決められている。署名簿は収集期間終了後に選挙管理委員会に提出して審査を受けるが、ルールに違反して収集された署名は無効とされてしまうので注意が必要である。署名ができるのは徳島市の有権者だけであり、署名は必ず自署し(身体の故障または文盲の場合は代筆ができる)、住民票のとおりの住所を記載して、押印(三文判、拇印も可)する必要がある。必ず署名集め人の面前で署名しなければならず、署名簿を回覧したり、郵送することはできない。

また、署名を収集する署名集め人(署名収集の受任者)も徳島市の有権者に限られ、選挙管理委員会に受任者として登録しなければならない。受任者の登録は署名収集期間中もできるので、住民投票の先進地からは収集期間中も受任者をどんどん増やしていくのが署名数を増やす秘訣であるとアドバイスを受けていた。そこで徳島では封筒の中に署名簿、選管に登録するためのハガキ、署名収集のルールなどを同封した「受任者セット」を用意し、署名収集の際には常に携行して関心の高そうな人には受任者になるように勧誘した。中の登録ハガキを投函すればすぐに受任者になれるのである。選管に登録した受任者数は署名収集の開始前に五〇〇〇人に達しており、受任者だけで直接請求に必要な署名数（四一三六）を超えていた。受任者はさらに増加して、収集期間の終了時には九〇〇〇人となっていた。

署名収集のための署名簿（「徳島市条例制定請求者署名簿」。**資料15参照**）は、請求代表者の一人であるデザイナーの板東孝明氏が制作した。表紙には「みんなで決めよう！第十堰」というコピーとシンボルマークの「まるちゃん・ばつくん」が描かれている。一冊当たり一〇人分の署名欄があり、署名欄の大きさやレイアウトはもっとも記入しやすいように細心の注意が払われた。署名のルールは前述のようにかなり細かいが、あまりくどくど注意書きを付けるとかえって分かりにくくなるので、試行錯誤の結果、必要最小限の簡潔な注意にとどめた。名簿は二〇万人分以上が印刷され、すべての有権者が署名しても足りるように準備された。

市民が署名をしやすくするため、市内には二五〇を超える「署名スポット」が設けられた。署名スポットは、市民が署名をすることができるだけでなく、受任者が署名済みの署名簿を持ち込むと住民投票の会に届けられることになっており、署名簿回収の中継点としての機能も果たした。署名ス

〈資料15〉徳島市条例制定請求者署名簿

吉野川可動ぜき建設に関する徳島市住民投票条例の制定を求める

徳島市条例制定請求者署名簿

平成10年11月2日

［第　　　　　　号］

徳島市条例制定請求書（写）

吉野川可動ぜき建設に関する徳島市住民投票条例制定請求の要旨

1 請求の要旨

吉野川は古来から徳島の地に多くの恵みをもたらしてきました。今日でもその流れは人々の生活を支え、無数の命を育んでいます。谷を開き、平野を潤して滔々と流れていくふるさとの大河が、いつまでも豊かで清らかであることを願わない人はいないでしょう。

今、この吉野川に巨大な可動堰を建設する計画が進められています。150年に一度の洪水に備えるためには、現在の吉野川第十堰を撤去し、可動堰を建設する必要があるというのです。しかし、第十堰ができてから250年間、堰が原因で水害が起こったことは一度もないのに、本当に撤去しなければならないのでしょうか。コンクリートで川をせき止めれば、飲み水や生態系に重大な悪影響が生じるのではないでしょうか。そして、総工費1000億円、徳島県民一人あたり12万円を超える投資となる事業費は、国や県の財政をさらに圧迫し、福祉の削減や増税につながるのではないでしょうか。このような疑問から可動堰に反対する意見は増え続け、最近の世論調査では過半数に達しています。

ところが、議会や行政は可動堰の建設を推進し、建設省の審議委員会も計画を妥当とする意見をまとめました。議会や行政は住民の意見を反映することが期待されていますが、この問題については民意との間に大きなギャップが生じています。もし、このまま建設を進めれば堰の完成後も住民の批判は絶えず、公共事業や政治過程に対する強い不信を生じることになるでしょう。

私たちは、住民投票によって住民の意思を明らかとし、可動堰の建設が住民の意見に基づいて行われることが必要であると考えます。堰の建設は、多くの住民の賛成を得てからでも決して遅くないはずです。住民の意思を明らかにすることは、河川整備計画に住民の意見を反映させることとした河川法（平成9年改正後のもの）の趣旨にも適合しています。また、住民が判断するのは、可動堰に象徴されるような環境と財政に大きな負担をかける従来型の河川改修を続けるのか、それとも新しい河川改修のあり方を求めるのかという基本的な政策の選択であり、可動堰の賛否は住民投票に適する問題と考えられます。

そこで、可動堰建設予定地である徳島市において住民投票を実施するために、本条例の制定を請求いたします。

2 請求代表者

司法書士　姫 野 雅 義　印

タウン誌社長　住 友 達 也　印

グラフィックデザイナー　板 東 孝 明　印

主婦　河 野 満 里 子　印

上記のとおり地方自治法第74条第1項の規定により別紙条例案を添えて条例の制定を請求致します。

平成10年10月26日　　徳 島 市 長 小 池 正 勝 殿

2

吉野川可動ぜき建設に関する徳島市住民投票条例案

（目的）

第１条　この条例は，吉野川の可動ぜき建設計画について市民の賛否の意思を明らかとし，もって吉野川の河川整備計画に市民の意見を反映させることを目的とする。

（定義）

第２条　この条例において「可動ぜき建設計画」とは，現在の吉野川第十ぜきを撤去し，新たに可動式の水門を有するせきを建設する計画をいう。

（住民投票）

第３条　第１条の目的を達成するため，可動ぜき建設計画に対する賛否について，市民による投票（以下「住民投票」という。）を行う。

２　住民投票は，市民の自由な意思が反映されるものでなければならない。

（住民投票の執行とその措置）

第４条　住民投票は，市長が執行する。

２　市長は，住民投票における有効投票の賛否いずれか過半数の結果を尊重し，国，県その他の関係機関及び関係団体と協議して，可動ぜき建設計画に市民の意見が反映されるように努めなければならない。

（情報公開）

第５条　市長は，住民投票の実施に際し，国，県その他の関係機関及び関係団体と協議して，可動ぜき建設計画について市民が賛否の判断をするのに必要な情報の公開に努めなければならない。

（住民投票の実施）

第６条　住民投票は，この条例の施行の日から６月以内に実施するものとする。

（住民投票の期日）

第７条　住民投票の期日（以下「投票日」という。）は，市長が定める日曜日とし，投票日の10日前までにこれを告示しなければならない。

（投票資格者）

第８条　住民投票における投票の資格を有する者（以下「投票資格者」という。）は，前条に規定する告示の日において本市の選挙人名簿（公職選挙法（昭和25年法律第100号）第19条に規定する名簿をいう。以下同じ。）に登録されている者及び告示の日の前日において選挙人名簿に登録される資格を有する者とする。

（投票資格者名簿）

第９条　市長は，投票資格者について，吉野川可動ぜき建設についての住民投票資格者名簿（以下「投票資格者名簿」という。）を作成しなければならない。

（投票所における投票）

第10条　投票資格者は，投票日に自ら住民投票を行う場所（以下「投票所」という。）に行き，投票資格者名簿又はその抄本の対照を経て，投票しなければならない。

（投票の方式）

第11条　住民投票は，秘密投票とする。

２　投票は，一人１票とする。

３　投票資格者は，可動ぜき建設計画に賛成するときは投票用紙の賛成欄に，反対するときは投票用紙の反対欄に，自ら○の記号を記載し，投票箱に入れなければならない。

（投票の効力の決定）

第12条　投票の効力の決定に際しては，次条の規定に反しない限りにおいて，投票した者の意思が明白であれば，その投票を有効とする。

（無効投票）

第13条　住民投票において，次の各号のいずれかに該当する投票は，無効とする。

（1）所定の投票用紙を用いないもの

（2）○の記号を投票用紙の賛成欄及び反対欄のいずれにも記載したもの

（3）○の記号を投票用紙の賛成欄及び反対欄のいずれに記載したのか判別し難いもの

（投票及び開票）

第14条　投票所，投票時間，投票立会人，代理投票，不在者投票その他住民投票の投票及び開票に関しては，公職選挙法，公職選挙法施行令（昭和25年政令第89号）及び公職選挙法施行規則（昭和25年総理府令第13号）の例による。

（結果の告示）

第15条　市長は，住民投票の結果が判明したときは，速やかにこれを告示するとともに，市議会議長に通知しなければならない。

（投票運動）

第16条　住民投票に関する運動は，自由とする。ただし，買収，脅迫等により市民の自由な意思が制約され，又は不当に干渉されるものであってはならない。

（委任）

第17条　この条例の施行に関し必要な事項は，規則で定める。

附　則

この条例は，公布の日から施行する。

3

徳島市条例制定請求代表者証明書（写）

徳島市南前川町４丁目3　　姫 野 雅 義

徳島市福島１丁目2-18　　住 友 達 也

徳島市一番町3-30　　板 東 孝 明

徳島市末広5丁目2-21-3　　河 野 満 里 子

上記の者は，徳島市条例制定請求代表者であることを証明する。

平成10年10月30日

徳 島 市 長　小 池 正 勝　印

徳島市条例制定請求署名収集委任状

受任者の氏名	
住所 徳島市	

上記の者に対し，徳島市条例制定請求者署名簿に徳島市条例制定の請求のための署名及び押印を求めることを委任する。

平成10年 11月　　日

徳島市条例制定請求代表者　　姫 野 雅 義　○

住 友 達 也　○

板 東 孝 明　○

河 野 満 里 子　○

4

有効・無効の印	番号	署名年月日	署名者住所 / 署名者氏名	生年月日	印	代筆をした場合（地方自治法第74条第6項及び第7項に該当する場合のみ代筆を行うことができます。当該規定に違反した場合には、同法第74条の4の第2項から第4項までの規定により、3年以下の懲役若しくは禁錮又は50万円以下の罰金に処せられます。）	備考
	1	平成10年 月 日	徳島市 氏名	明治・大正・昭和 年 月 日	印	徳島市 氏名 印 （明・大・昭 年 月 日生）	
	2	平成10年 月 日	徳島市 氏名	明治・大正・昭和 年 月 日	印	徳島市 氏名 印 （明・大・昭 年 月 日生）	
	3	平成10年 月 日	徳島市 氏名	明治・大正・昭和 年 月 日	印	徳島市 氏名 印 （明・大・昭 年 月 日生）	
	4	平成10年 月 日	徳島市 氏名	明治・大正・昭和 年 月 日	印	徳島市 氏名 印 （明・大・昭 年 月 日生）	
	5	平成10年 月 日	徳島市 氏名	明治・大正・昭和 年 月 日	印	徳島市 氏名 印 （明・大・昭 年 月 日生）	

5

注意事項

❶署名集め人（受任者）はまず4ページに記入を。
あなた自身の署名も忘れずに!

❷署名できるのは徳島市の有権者。

❸署名は必ず自筆でわかりやすく。
署名は署名集め人の前で直接に。回覧や郵送はだめ。

❹住所は、住民票のとおり。
1丁目2番3号を1-2-3と書いてもよい。

❺捺印が必要。（三文判、拇印でも可。）

❻もし間違った場合。
2〜3文字なら2本線で訂正
もしくは次の欄に書き直し。

［記入例］

署名日 / 住所❹

	1	平成10年 11月2日	徳島市 昭和町 4丁目5番地 氏名 吉野 三郎	明治・大正・㊐昭和 3年 3月23日	（吉野）	徳島市 氏名 印 （明・大・昭 年 月 日生）	

生年月日 / 印かん❺

［記入例］

訂正例❻

	2	平成10年 11月3日	徳島市 徳島~~本~~本町 1-2-3 氏名 第十 太郎	明治・大正・㊐昭和 13年 5月 5日		徳島市 氏名 印 （明・大・昭 年 月 日生）	

本人の署名❷❸

署名集め人は必ず次のものをご用意ください。

●ボールペン　鉛筆は避けてください。

●朱肉　ティッシュなど。

署名期間は「11月2日から12月2日」。期間外の署名は無効。

収集済の署名簿は順次、会へ戻してください!!

署名簿がいっぱいになれば、会事務局へ連絡してください。
署名期間中でもどんどん署名集め人を増やしてください。

7

ポットとなった商店や住宅には「みんなで決めよう！第十堰」のコピーとシンボルマークのまるちゃん・ばつくんが描かれた黄色い幟《のぼり》が立てられた。市内に多数の店舗を持つスーパーの中にはチェーン全体で署名スポットを引き受けるところもあった。

全戸ローラー作戦

署名収集が始まると多くの市民が署名を行い、署名数は順調に増えていった。ところが一週間ほどたつと街頭での署名数は急に伸び悩みを見せるようになった。徳島市の規模の町では街頭で署名活動をしていてもそこを通る人の多くは同じ人であり、ほとんどの人が既に署名を済ませてしまったのである。そこで署名収集の参謀を務めていた川本氏（仮名）は、市内のすべての世帯を訪問する全戸ローラー作戦を展開することとした。直接請求の署名収集は選挙活動ではないので公選法が適用されず、戸別訪問は禁止されていないのである。もちろん夜八時には切り上げるという自主規制も行うことにした。

川本参謀は会の事務所の壁に市内全域の住宅地図を貼り、地区ごとに担当者の割り当てを書き込んだ。徳島市は海岸から山間部に至るまでかなり広い面積を有するので、全戸訪問はそれなりにたいへんである。筆者も住宅地や農村部の署名収集に同行したが、どの地域でも住民は好意的であり、在宅している人はたいてい趣旨に賛同して署名に応じてくれた。このような市民の反応が受任者には励みとなった。

署名収集の過程ではいろいろなエピソードが生まれている。あるメンバーが夕方暗くなってから戸別訪問をしていると、人の気配がするのに電気がついていない家があった。訪ねてみると盲目の高齢の女性が一人で暮らしていた。その女性は、自分は子供の頃に第十堰のすぐ近くに住んでおり、ぜひ署名したかったがどうしたらよいのか分からなかった、家まで訪ねてきてくれて本当に嬉しい、と感謝したそうである。

また、筆者が住民投票の会の事務所にいると警察署から電話がかかってきた。われわれの運動もついに弾圧されるようになったかと感慨に耽っていると、電話の向こうの警官は「逮捕・拘留している被疑者が署名簿を持っています。これは大切なものだと思うのでお返ししたいのですが」という。署名の強要か不法侵入でもしたのかと思い、「署名活動が原因で逮捕されたのですか」と尋ねると、「それは違います」とのことであった。さっそく会のメンバーが署名簿を受け取りに行くと、名簿を持っていたのは詐欺師の夫婦で、結婚のあっせんに絡む詐欺行為で逮捕されたそうである。詐欺師の夫婦が受任者として署名を収集し、それを捕まえた警察が署名簿を返還してくれたわけであるが、それほど直接請求の署名収集は徳島市民の間に浸透していたのである。

署名期間の終盤になると、各地の受任者から署名簿が続々と届けられた。署名簿は市内の某所に厳重に保管され、多数のボランティアによるチェックが行われた。この後署名簿は選管の審査を受けることになるが、不備がある署名は無効とされてしまう。そこで予め署名をチェックして、補正できるものは補正しておく必要がある。「一人の署名も無駄にしない」ことを目標にして、署名簿の回収とチェックが続けられた。

全戸ローラー作戦は大きな成果を生み、署名数は再び伸び始めた。最終的な署名数は目標の七万人をはるかに上回り、一二万人に迫る一一万九〇五一人となった（選管の審査前の数で、審査後の有効署名は一〇万一五三五人となった）。約二一万人の有権者のほぼ二人に一人が署名をしたことになり、県庁所在地クラスの都市では前例のない署名率を記録した。

第五章　条例案の否決と市議会選挙

市議会の暴挙

総数一一万九〇五一に達した署名数は、前回の徳島市議会議員選挙で当選した全議員の得票数の合計をも上回るものであった。署名簿は法令の規定に従って徳島市選挙管理委員会の審査を受け、当初は有効署名数一〇万一二一五、無効署名数一万七七四八と判定された。無効署名の内訳は、重複署名一万二五〇、自署でない署名三七二七、選挙人名簿に記載がない署名三五四五である。

プラカード作戦

その後、署名簿は七日間だれでも縦覧することができ、関係人は署名の効力について異議の申出をすることができる（地方自治法七四条の二第四項）。住民投票の会は自署でないとして無効とされた署名（複数の署名が同一筆跡であるとされたものが多い）を中心に七七三人分の異議の申出をしたところ、三三〇〇人分が有効と認められ、最終的に有効署名数は一〇万一五三五と判定された。この数字は今でも筆者の記憶に鮮明に残っている。

無効とされた署名数（一万七五一六）の割合は一四・七パーセントであるが、住民投票の会が事前に署名簿をチェックしていたので最低限にとどまっている。会に戻された署名簿はすべてボランティアがチェックし、同一筆跡の署名や印鑑の押し忘れなどは可能な限り署名者に連絡をとって補正していたのである。有効署名数は全有権者数の四八・八パーセントに当たり、有権者の二人に一人が署名をしたという事実は署名の効力確定後も変わりはなかった。

なお、このように署名簿はかなり厳格な審査を受けるので、今後各地で直接請求をするときには前述のルールに違反しないようによく注意して署名収集することをお勧めしたい。そして選管の無効の判定に疑義がある場合は異議の申出をした方がよい。異議の申出に対する選管の決定に不服がある場合はさらに裁判で争うこともできる(同条第八項)。

年が明けた一九九九年一月一三日、住民投票の会は選管から返還されたミカン箱三二個分の署名簿と共に徳島市役所を訪れ、小池正勝市長に対して住民投票条例制定の直接請求を行った。会のメンバーが重そうなミカン箱を抱えて続々と市役所に運び込む様子はテレビや新聞で全国に報道されたが、重いのはミカン箱そのものではなくて署名簿に託された徳島市民の民意である。徳島市議会が条例案を可決して住民投票が実現するかどうかは、全国の注目の的となった。

小池市長は二月二日に臨時市議会を招集し、住民投票は必ずしも必要でないという意見を附して条例案を議会に付議した。小池市長は本会議で「水害の危険性から生命を守る事業が一地区の住民投票で決められるべきではない」と述べて、住民投票に反対する考えを明確にした。

しかし、この意見はまったく的外れである。この時期には建設省が想定する一五〇年に一度の大雨が降っても危険水位を超えることはないことが明らかになっており、住民は水害の危険性があるという事実自体に疑問を抱いていた。可動堰を建設すればその費用によってさらに財政が悪化し、住民の生命や財産を守るために本当に必要な事業の財源を圧迫することも明らかだった。住民は可動堰建設が生命を守るために必要な事業といえるかどうかについても疑問を持っていたのである。

住民は一地区のことだけを考えて投票行動をとるわけではない。これまでにも例えば産廃処理施設などについて住民投票をすると、周辺の住民は反対するが、離れた地区の住民は賛成して地域エゴがむき出しになるといわれていた。ところが実際に投票が行われると地区を問わず投票率は高く、住民は水源の下流に当たる遠く離れた地域のことまでも考えて一票を投じていた。徳島でも可動堰による水位低下の効果はわずかであって上流五キロメートルではゼロになるのだから、徳島市の投票結果が上流域に危険を及ぼす可能性は全くなかった。世論調査では水害から守られるはずの第十堰周辺ほど可動堰に反対する意見が多かったことから見ても、まず徳島市で住民投票を行うことには十分に合理性があった。

おそらく小池市長、そして議員の多くはこのような基本的な事実をほとんど知らなかったのだろう。むしろ、市長や議会が可動堰を必要と考えるのであれば、住民投票を実施して必要性を訴え（ただし反対論も公平に紹介することが必要である）、住民の理解を得るべきだったのである。

臨時市議会は七日間の日程で審議を行った。市議会には一二人の委員で構成される「吉野川第十堰改築にかかる条例制定に関する特別委員会」が設けられた。特別委員会は参考人の意見陳述を行った後、議長を除く一一人の委員のうち、賛成四、反対七で条例案を否決した。そして、最終日の二月八日には本会議が開かれ、市議会は有権者の半数が求めた条例案を否決した。票決の内訳は、議長と退席した一人を除く三八人のうち、賛成一六、反対二二であった。

この結果を聞いたとき、筆者はさほど意外な感じがしないことが意外であった。前述のように近年になって各地で住民投票が行われるようになったのは、間接民主制が機能不全を起こし、議会や行政の意思と住民の意思との間にギャップが生じているからであった。徳島でも参議院選挙や世論調査で可動堰に反対する民意が示されているにもかかわらず、流域の議会では促進決議が相次ぎ、審議委員会は可動堰を妥当とする答申をまとめていた。

そして一〇万以上の署名が集まった後も、圓藤知事は「住民の生命・財産を守るためには可動堰がベスト。署名の数に関わりなく建設を進める」と県議会で明言し、小池市長は「住民投票は間接民主制を補完するものに過ぎず、必ずしも必要ではない」とテレビのインタビューに答えていた。日本の地方自治の歴史の中で前例のない数の署名が集まり、これに基づく直接請求には計り知れない重みがあるにもかかわらず、住民の代表であるはずの知事や市長はそのことが認識できなかったのである。

このように徳島でも間接民主制の機能不全は相当深刻であった。そもそも議会や行政がきちんと民意を反映していれば、住民投票をして欲しいという直接請求の署名が一〇万以上も集まるはずはない。このような状況であるから、有権者の半数が求めた条例案を議会が否決するという事態もあながちあり得ないことではなかったのである。

徳島市民や住民投票の会のメンバーも意外なほど冷静であった。私たちは小学校以来、市長や議員は選挙で選ばれた私たちの代表であり、私たちの意見を反映して私たちのために働いてくれるのである、それが民主主義であると習ってきたが、心のどこかでそれはフィクションであり、本当はそうではないと思っているのではないだろうか。だから有権者の半数が求めた住民投票条例を議会が否決したとしても、今さら驚くには値しないのかも知れない。

問題はその先である。このような議会の現状に対する市民の反応は、①議会や行政はこんなものだとあきらめて現状を容認する、②怒りが爆発して暴動を起こす（これはやめた方がよい）、または暴動に至らない程度の抗議行動をする、③選挙やその他の制度を使って議会のあり方を変える、のいずれかであろう。

徳島市民は①と②は選択しなかった。市議会が条例案を否決した日のテレビのニュースでは、街頭でインタビューを受けた市民たちが「議会と市民との間に大きなギャップが生じている。やはり住民投票が必要ではないか」、「市民は議員にすべてを白紙委任したわけではない。議員は市民の意見を反映すべきだ」、「次の市議会選挙ではよく考えて投票したい」と答えていたが、徳島市民は冷静に現状をとらえてとるべき対応を模索していたのである。そして徳島市民が選択したのは次に見るように③の方法であった。

市民ネットの結成

きわめて初歩的で基本的な原則論であるが、市長や議員は住民の望む政策を実現するように付託を受け、信頼されて選挙で選ばれている。ところが徳島市長は有権者の半数が署名をして直接請求した条例案に反対し、市議会は否決したのであるから、住民の信頼を裏切ったというほかはない。これは間接民主制の自殺行為である。

そうは言っても間接民主制や議会制民主主義に見切りをつけるわけにはいかない。現在のところ、選挙制度を中心とする議会制民主主義に勝る政治制度は発明されていないからである。市民がとり得る手段は、議員を入れ替えて議会や行政が本来の機能を回復するように行動することだけである。

徳島では折しもこの年の四月二五日に市議会議員選挙が控えていた。住民投票の会は選挙で市議会の構成を変え、住民投票条例を成立させることを次の目標とした。そうすることが一〇万を超える署名を寄せた有権者に対する責任であると考えていたので、これはほとんど既定の方針であった。

しかし、住民投票条例の直接請求と市議会議員選挙ではかなり性格が異なっている。直接請求に賛成することと、市議会選挙でどの候補者を支持するかということはまったく別な問題である。直接請求の署名はしたが、条例に反対した議員を支持するという有権者も少なくないであろう。住民投票の会がそのまま市議会議員選挙で特定の候補者を支持する政治団体になることには問題があった。

そこで住民投票の会は、住民投票に賛成する候補者であれば自民党から共産党まで党派を問わず支援するが、同時に別組織を立ち上げて独自候補を擁立し、住民投票に賛成する議員が過半数となるように選挙運動を行うこととした。このための組織として新たに「住民投票を実現する市民ネットワーク」(以下「市民ネット」という)が結成された。市民ネットは住民投票の会から切り離し、世話人には住民投票の会の住友氏と板東氏が移行することになった。

受任者名簿は選挙運動には流用せず、すべての受任者にハガキを出し、選挙運動にも協力を得られるかどうか個別に確認を行った。資料の送付や選挙運動への協力依頼は、承諾が得られた受任者だけを対象とすることとした。

市議会議員選挙

市民ネットは住民投票に賛成することを条件として候補者の募集を行い、五人の独自候補を擁立した。いずれも政治には素人の新人候補である。市議会の定数は四〇、住民投票条例を否決した時点で住民投票に賛成した議員が一六人、反対が二二人だったので、賛成派が過半数を占めるためにはあと五人の上積みが必要であった。市民ネットの候補者以外にも住民投票に賛成することを公約とする新人が立候補しているので、計算上は十分に市議会の構成を逆転させる可能性が出てきた。

市民ネットも住民投票の会も初めて選挙戦を戦う素人集団だった。当初はいろいろとまどうことも多かったが、ここで采配を振るったのは署名収集の参謀として戦略を練った川本氏である。川本参謀は所属する労働組合の選挙で百戦錬磨の経験を積んでおり、立候補の手続から公選法による禁止事項、集票のテクニックに至るまで高い知見を有する選挙のプロであった。選挙では署名収集のときにも増してその本領をいかんなく発揮し、素人集団を勝利に導くことになる。

最初の重要な戦略は候補者の区割りであった。市内にさらに細かい選挙区があるわけではないが、市議会議員はそれぞれ支持基盤となる地区が決まっているのが通例である。つまり地盤である。賛成派同士の地盤が競合することは好ましくないのである程度調整する必要があるが、調べてみると賛成派の新人候補の地盤はうまく分散しており、極端な競合はないことが分かった。

その後は選挙の定石に従い、後援会を組織して支持者を固め、ポスターやハガキ、ビラなどを作成して着々と準備を進めていった。選挙の度にベニヤ板の掲示板に貼られる選挙ポスターは見慣れているが、選挙ポスターの用紙にはいろいろなランクがあり、候補者の資金力によって厚さや防水などの耐久性に大きな違いがあることを初めて知った。組織力にもかなりの差があり、たちまち市内すべての掲示板にポスターを貼ってしまう候補者もいれば、何日もかかる候補者もいた。市民ネットの候補者は、住民投票の実施を公約にすることは当然であるが、そのほかの政策もしっかりと訴え、さらに市民派候補らしい金のかからない選挙とすることにも特に留意した。

住民投票の会はどの候補者が住民投票に賛成し、反対しているかが一目で分かるチラシを作成した。住民投票に反対する候補者は不利になることをおそれ、選挙公報では住民投票に対する考え方をあえて表明しない可能性が高いので、市民には別の判断材料が必要だったのである。このチラシによって住民投票に対する全候補者の態度は一目瞭然となった。チラシはボランティアによって市内の全戸に配布され、市民からはとても参考になったという声が寄せられた。

なお、公職選挙法一四二条は法律で認められたものを除いて「選挙運動のために使用する文書図画」の頒布を禁止しているが、同法が定める「選挙運動」とは特定の候補者に投票することを訴えたり、投票しないことを訴える運動であると解されている。これ以外の運動は単なる「政治運動」であり、政治運動をする自由はむしろ憲法で保障されている。このチラシは特定の候補者に対する投票を訴えたり、投票しないことを訴えるものではないから、同条によって頒布が禁止されている文書図画に当たらず、自由に頒布することができた。

市民ネットの候補者は各地区で小規模なミニ集会や街頭での辻説法を行い、直接有権者に語りかける運動を重視した。こまめに地区を回っていたある候補者は、薄暗くなると郵便ポストや電信柱にもお辞儀をしたり握手を求めてしまったそうである。住民投票の会は候補者や有権者から要望があると各地区へ出向き、代表の姫野さんらが可動堰の問題点や住民投票の必要性について説明を続けた。

市民ネットと住民投票の会は新しい運動を開始した。多数のメンバーやボランティアが「投票に行こう」というプラカードを持って主要な道路沿いや市街地に立ち、無言で投票を呼びかける「プラカード作戦」である。住民投票反対派の候補の多くは固定票、組織票に支えられていると見られていたが、市民ネットの候補者はこれらと縁のない普通の市民である。そこで、投票を呼びかけて投票率を上げることにより、無党派層の票を集めることが重要な戦略だった。

朝のラッシュ時、県庁近くのかちどき橋付近には特に多くのメンバーが集まった。この作戦には確かな手応えがあった。今度の市議会選挙ではしっかりと候補者を選択し、必ず一票を投じて欲しいというメッセージが、静かにそして確実に道を行く人々に伝わった。

このプラカードも公職選挙法にいう「選挙運動のために使用する文書図画」には当たらないので、数や掲示場所、期間の制限を受けることはない。「投票に行こう」と呼びかけること自体は選挙運動でもないので、プラカード作戦は選挙運動が禁止される選挙の当日にも行われた。

この作戦を編みだしたのは市民ネットの住友氏である。タウン誌社長の住友氏は住民投票運動の様々な局面で人集め、資金集め、そして市民の心をつかむイベントに持ち前の企画力を発揮した。プラカードをデザインしたのは同じく市民ネットの板東氏である。オレンジ色の地に紺色で「投票に行こう」と書かれたプラカードは、選挙と住民投票を通じて投票を呼びかけるシンボルとなった。住民投票の会の署名簿やポスター、プラカードなどのデザインがいずれも強く印象に残るのは、プロのデザイナーの板東氏が手がけているからである。

市議会の勢力逆転

四月一八日に徳島市議会議員選挙が公示され、本格的な選挙戦が始まった。筆者も選挙運動に関わるのはもちろん初めてである。ふだんはうっとうしいくらいに思っている選挙運動であるが、それを自分がする側になるというのは何とも奇妙な気分だった。何度か街頭に立って候補者の応援演説をするうちにすぐに慣れ、すっかりアジテーションがうまくなった(ような気がした)。

実際に応援演説をしていると、これが選挙の手応えというものかと実感する場面が何度もあった。マンションのベランダに出てきて耳を傾ける人、買い物中の商店からわざわざ出てきて聞いてくれる人、そして走っている車の窓から身を乗り出して声援を送ってくれる人もいたが、電柱にでもぶつかるのではないかとハラハラした。市民の関心はきわめて高く、多くの有権者が市議会に対して強い不信を抱き、市議会のあり方を変えなければならないと考えていることは明らかであった。

選挙参謀の川本氏は敵情視察にも怠りがなかった。選挙カーの後をさりげなく原付で走っていると、その候補者に対する支持の程度がかなり分かるそうである。川本氏によると、住民投票反対派の候補者の多くは今回は首をかしげてしまうほど支持が低調だということだった。

四月二五日の投票日は快晴で気候もよく、絶好の行楽日和となったため、投票率の低下が心配された。実際に行楽に出かけた人が多く、投票率は思ったより伸び悩んだ。

前述のようにプラカード作戦は選挙運動ではなく、選挙当日でもできるため、多くのメンバーがプラカードを持って街頭に立った。小松島競輪の無料送迎バスが満員の乗客を乗せて出発を待っていたので、「小松島競輪にお出かけの皆さん、お帰りには投票をお忘れなく」と呼びかけると、かなりの人が分かっているというように手を振ってくれた。

投票率は午後になっても低調だったが、日暮れ頃になると投票所は急に活況を呈し始めた。行楽（競輪？）帰りの人たちが続々と投票に訪れているらしいということだった。後で聞いたところによると、郊外の地縁・血縁による投票行動が強い地域では、暗くなってから人目を避けて投票に出かけた人も多かったそうである。

最終的な投票率は戦後最低だった前回の五一・六二パーセントをかなり上回り、五九・六七パーセントとなった。投票率が前回を上回ったのは三二年ぶりのことであった。

投票用紙は即日開票された。住民投票の会の事務所では市民ネットの候補者のほか、多くのメンバーが集まってテレビやラジオの開票速報を見守っていた。開票所となった市立体育館には選挙参謀の川本氏が詰めている。開票速報よりも早く川本参謀から刻々と開票状況が伝えられるので、なぜ選管の発表より早く分かるのか不思議だった。後で川本氏に聞くと、開票所では開票した投票用紙を候補者ごとにまとめて山積みにしていくので、双眼鏡で観察していると山の大きさで各候補の得票数がだいたい分かるのだそうである。

開票が進むと住民投票賛成派の候補者は順調に得票を伸ばしていった。最終的に住民投票賛成派が二二人、反対派は一八人となり、それぞれ一六対二二だった市議会の構成は逆転した。市民ネットの候補者は、村上稔(三二歳、保険代理店経営)、金丸浅子(五四歳、主婦)、大谷明澄(四九歳、製材業)の三名が当選を果たした。

住民投票の会の事務所には多数の報道陣が訪れ、当選した市民ネットの候補者や姫野さんにインタビューをしていた。記者たちは写真を撮るために「支援者の皆さんと万歳をしてください」と言って選挙報道らしい演出を求めたが、それはいかにも旧態依然とした地縁選挙を連想させ、市民の力で新しい市議会が生まれた瞬間にはふさわしくないように感じられた。思わず「万歳はやめましょう」と口走ってしまったが、翌日の新聞には三人の当選者が固く握手をし、支援者が拍手をして祝福する写真が大きく掲載された。

新聞やテレビのニュースはいずれも住民投票条例賛成派が躍進し、条例成立が近いことを大きく報じていた。

第六章　住民投票の実現

難航する条例制定

一九九九年四月二五日の徳島市議会議員選挙では、住民投票条例の制定を求める徳島市民の意思が明確に示された。条例賛成派と反対派の割合が一六対二二だった市議会の構成は逆転し、それぞれ二二対一八となった。これによって二月の臨時市議会で否決された住民投票条例案が再提案され、今度こそ可決されていよいよ住民投票が実現するとだれもが考えていた。

ところが、選挙が終わると住民投票に賛成していた

投票率50%突破の知らせに湧く徳島市民

公明党市議団の五人は住民投票に消極的な態度をとり始めた。公明党が独自に行ったアンケートによると、可動堰を建設すべきかどうか「わからない」という意見が四五パーセントに達しており、住民投票を実施するのは時期尚早だというのである。その結果、改選後の最初の定例会である六月議会での条例制定は不透明となった。

このような公明党市議団の行動はまったく理不尽である。住民投票条例の直接請求では有権者の二分の一、一〇万一五三五という空前の署名が寄せられた。それにもかかわらず市議会が条例案を否決すると、徳島市民は住民投票賛成派が多数となるように市議会の構成を逆転させた。住民投票を求める徳島市民の意思は、直接請求と今回の市議会選挙によって疑いようがないほど明確に示されている。直接請求と選挙はいずれも厳格なルールに従って行われる法律上の手続であり、その結果には強い正当性がある。それがなぜ一政党が行った非公式なアンケートの結果によって制約されなければならないのだろうか。

このようなやり方が通用するのであれば、政党は選挙後にお手盛りのアンケートをすればどのような重要な公約でもひっくり返せることになる。四国放送が行った可動堰計画の賛否を問う世論調査では、「分からない」という回答は全県で一六・九パーセント、第十堰周辺の二市九町では一三・二パーセントであったが（**資料13参照**）、公明党の調査では四五パーセントに急増していることも不可解である。

二月の臨時市議会は住民投票の実施を争点としない選挙で選ばれた議員によって構成されていた。その意味では住民投票に反対する議員が過半数となったとしても、そこにはごくわずかではあるが理解する余地があった（もちろん選挙で争点とならなかった問題についても直接請求で明確な民意が示された以上、それを反映するのが本来の議会のあり方である）。しかし、今回の選挙では住民投票の実施がもっとも重要な争点であった。住民投票の会と市民ネットは住民投票に賛成するすべての候補を応援するという立場で選挙戦に臨み、掲示板を見回って公明党の候補のポスターがはがれていれば補修もしたのである。そして住民投票に賛成した候補は追い風を受けて当選し、新しい議会で過半数を占めることができた。それにもかかわらず住民投票条例の制定を拒むとすれば、新議会は二月議会よりもさらに劣化したことになる。

それにしてもなぜ公明党では支持者から批判が出なかったのだろうか。例えば宗教団体であれば前提となるのは教義であり、信者は自らの内面の問題として、教祖や指導者が示す教義を信じていればよい。それが信教の自由である。しかし、政治や行政は個人の内面の問題ではない。民主主義社会の政治や行政の前提となるのは自由な議論とこれに基づく多数決である。それによって誤った判断を改め、権力の暴走を防いで民主的な社会を築くことができるのである。民主主義社会の政党では、指導者の教えに従順に従うというのとはまったく逆の原理が求められているといえよう。

六月七日に議会が開会したが、初日は住民投票条例の制定を目指す「市民ネットワーク」などの三会派と公明党市議団の調整がつかず、条例の議員提案は見送られた。

市民ネットなどの三会派は、直接請求によって提案された条例案（以下「市民案」という）を六月議会に再提案することを目指していたが、公明党市議団は市民案を批判し始めた。市民案は条例制定後六か月以内に投票を実施するものとしていたが、公明党のアンケートによれば市民は可動堰計画の是非を理解していないから、投票の実施時期を明記するのはおかしいというのである。公明党市議団は独自の条例案（以下「公明案」という）を作成し、六月議会の閉会が三日後に迫った一八日、市議会に提案した。

住民投票の目的を否定する公明案

公明案は、①投票の実施時期は明記せず、別条例で定める、②投票率五〇パーセント以上（有権者の二分の一以上の投票）で投票が成立する、③戸別訪問を禁止し、罰則を設けるというものであった。①は、住民投票条例が制定されたとしても、実施期日を定める条例が制定されなければ投票は実施できないということである。議会が別に条例を制定しなければ永久に投票は実施されず、住民投票は空手形となる。

この提案には実は住民投票を実施したくないという真意が見え透いている。可動堰問題について住民の理解を深める必要があるというのであれば、数か月から半年程度の準備期間をおいて実施時期を明記し、その間に情報公開や議論を行い、住民が理解を深めることができるようにするのが本筋である。住民の理解を深めるための具体的な方策を充実させるのではなく、投票期日だけを無期延期するというのはまったく不合理である。

②は、選挙の投票にはない投票率による成立要件を、住民投票には設けるというのである。政治に対する不信感や無関心が蔓延し、選挙の投票率も五〇パーセントを割ることがあるのに、なぜ住民投票だけにこのようなハードルを設けるのであろうか。五〇パーセントを越えなければ民意でないというのなら、公選法を改正して選挙も投票率五〇パーセント未満の場合は不成立とすべきである。そして、当選を果たしたい議員は投票率を上げる努力をしなければならないという制度にすべきだろう。

そもそも投票率五〇パーセント以上で成立するというのはどのような意味なのだろうか。投票率五〇パーセント未満の場合、開票をせずに投票用紙を廃棄してしまうのか、それとも開票はするが投票結果には何らの効果（結果の尊重義務）が生じないということなのだろうか。このように基本的な点さえも当初は不明であったが、後に市の規則で開票しないと明記された。しかし、現代は情報公開法や情報公開条例が施行され、世界中の全ての人に行政情報を知る権利が保障されている時代である。税金を使って投票を実施したのに開票せず、その結果を市民に知らせないなどということが許されるはずはない。投票率が低ければ結果の尊重義務の程度も低くなると解すれば足りるのであって、投票を行った以上は必ず開票して結果を市民に知らせるべきである。

さらに問題なのは、このように高い投票率による成立要件を設けると、形勢不利な側が投票の不成立を狙ってボイコット運動を起こすおそれがあることである。実際に徳島では住民投票が成立すると可動堰に反対する意見が多数となることが予測されたため、可動堰推進派は投票の不成立をねらって投票のボイコットを呼びかけた。推進派はなぜ可動堰が必要なのかを市民に説得するのではなく、多くの市民が求めた住民投票を否定する戦略に出たのである。

住民投票でもっとも大切なことは、住民の一人一人が賛否両論に耳を傾け、より説得的な意見に一票を投じて政治に民意を反映させることである。そのためには賛否両論について議論が深められなければならない。ところが、ボイコット運動が起こると議論の対象が投票の是非にすり替えられてしまい、争点についての議論が深まらないおそれがある。これでは住民投票の本来の意義が損なわれることになりかねない。その意味で、高い投票率を成立要件とすることは、住民投票本来の目的に反することをしているのである。

③は、可動堰問題について理解を深めるために戸別訪問をして説明した市民を、犯罪者として処罰するという規定である。前述のように、住民投票でもっとも大切なことは、住民の一人一人が賛否両論に耳を傾け、より説得的な意見に一票を投じて政治に民意を反映させることである。そのためには賛否両論について議論が深められなければならないから、賛成派と反対派が資料を用意し、

戸別訪問をして説明することは、禁止するどころか奨励すべきことである。戸別訪問を罰則をもって禁止するというのは、住民投票でもっとも大切なプロセスを否定することになるのである。

公明党市議団は、いったいだれが、いつ、どのような行為をすると処罰するつもりだったのだろうか。条例の施行後、知人の家に行って可動堰問題について議論し、反対票（あるいは賛成票）を投じるべきだと発言すると処罰されてしまうのだろうか。

国民に刑罰を科すためには罪刑法定主義という大原則があり、どのような行為をするとどのような刑罰が科されるのかを予め明確に法令で規定しなければならない。他方で地域の重要な問題について自らの意見を表明したり資料を配付することは表現の自由として憲法二一条で保障されている。したがって、戸別訪問によるこれらの行為を規制する際には相当慎重に処罰の対象となる行為（犯罪の構成要件という）を限定する必要がある。ところが、公明案は、「可動堰建設計画についての賛否いずれかの投票をなさしめる目的をもって戸別訪問をすること。」（一五条五項）を禁止行為として規定しているに過ぎない（罰則は一〇万円以下の罰金。一六条）。

処罰の対象があいまいで適正手続原則（due process of law）に反する規定は憲法三一条に違反し、表現の自由を侵害する規定は憲法二一条に違反する。この規定は市民の基本的人権に対する配慮を著しく欠いており、憲法に違反して無効である可能性がきわめて高い。ある警察関係者は公明案を見てこの条例の罰則は執行不可能だと言ったそうであるが、本当だとすればきわめて健全な感覚である。

戸別訪問は買収の温床となるから禁止すべきだという見解があるが、一定の票をまとめれば当選できる選挙とは違い、住民投票では過半数を得る必要があるから買収の効果はほとんど見込めない。そもそも徳島では直接請求の際に戸別訪問による署名収集が何らのトラブルもなく整然と行われ、一〇万人を超える署名が集まったという実績がある。実際上も戸別訪問を規制する必要はまったくなかったのである。

公明党は住民投票には賛成するが、可動堰建設にも賛成するという立場をとっていた。住民投票が実施されれば反対多数となり、可動堰建設は困難となることが予測されたから、公明党がジレンマに陥るのも当然である。公明党徳島市議団が変節し、市民が求めた条例案にいいがかりをつけるようになったのも可動堰に賛成していたからであろう。

当時の週刊誌（『週刊現代』二〇〇〇年一月二九日号）は次のように報じている。この頃の国政では自自公(自民党、自由党、公明党)による連立政権が成立していたが、公明党にとっては次期衆議院選挙において四国の比例区で二名の当選を確保することが至上命題であり、そのためには小選挙区で自民党に票を回す代わりに比例区では自民党の票を得ることが不可欠であった。自民党が望む可動堰建設に賛成するのはそのための取引の一環であり、前述のような不合理な規定を市民案に「ネジ込んだ」というのである。

新市議会に公明案が提案された経緯はこのようなものである。ところがその後各地で制定された住民投票条例を見ていると、これに習って五〇パーセントの投票率を成立要件とするものがかなりの数に上っている。二〇一三年五月に東京都小平市で行われた道路計画見直しの賛否を問う住民投票に際しても、五〇パーセントの投票率が成立要件とされた。

この投票は東京で初の住民投票として注目されたが、投票率が三五・二パーセントであったために不成立となって開票が行われておらず、市民グループは情報公開条例に基づいて投票用紙の公開を求めている。

この要件はボイコット運動を誘発して住民投票の目的に反することにもなりかねないという点で不合理であり、しかも党利党略の産物であることが十分に知られていないのではないだろうか。もし本当に市民のための住民投票条例を制定しようとするのであれば、「絶対にまねをしないでください」と願うばかりである。

条例成立、投票の実現へ

六月定例会は六月七日に開会したが、一八日には公明党市議団が公明案を、他の三会派（市民ネットワーク、新政会、共産党市議団）は市民案をそれぞれ議長に提出した。このまま採決が行われればいずれも過半数を得ることはできず、住民投票は実現できないことになる。あるいはそれこそが可動堰推進派の真の狙いであったのかも知れない。

六月定例会の最終日となった二一日、本会議は午後から長時間にわたる休憩に入り、四会派の間で水面下の交渉が続けられた。その結果、四会派は条件付で公明案に一本化することで合意が成立した。四会派が合意した条件とは、条例に賛成する議員は六か月後に協議を開始する、投票時期は賛成議員の過半数による決定を総意とするというものであった。つまり、六か月後に賛成議員の過半数が同意した時期に投票を行うことが約束されたのである。この合意の内容については後日のために覚え書き(確認書)が作成された。

午後八時四二分に本会議が再開され、起立採決が行われた結果、賛成二二、反対一六の表決によって住民投票条例が成立した。地元の徳島新聞は厳しい市民の目が成立を後押ししたと解説しているが、市議会議員選挙で示された明白な市民の意思の前では住民投票条例を否決するという選択はあり得なかった。住民投票の会としては、直接請求によって市民案に対する一〇万人以上の賛同を得ていたのであるから、党利党略によって歪められた条例案はとうてい受け容れられるものではなかった。しかし、住民投票を実現するというより大きな目的のためには市民案の取り下げもやむを得ない選択であった。

ようやく成立した住民投票条例には投票の実施時期が明記されていないため、実際にいつ投票が行われるかは五里霧中という状態が続いた。とはいえ前述の覚え書きが反故にされない限りは投票が行われるのであるから、住民投票の会はこの間も可動堰問題について市民の理解が深められるように精力的な活動を行った。

住民投票の会は、この年の夏に第十堰に関する連続講座を開催した。治水、環境、財政など、毎回テーマを決めて担当の講師が市民向けに講義を行うという企画である。筆者は適任とは言い難いが財政を担当し、日本の財政状況や可動堰が徳島県の財政に与える影響について解説を行った。財務省の資料によると、国債など日本の借金を一万円札で積み重ねるとその当時で富士山の一五〇〇倍の高さになることを知って驚いたが、今はどれくらいの高さになるのだろうか。会場には新たに

〈資料16〉四コマ漫画

人の作る技術はいつか…

200年に一回の洪水…

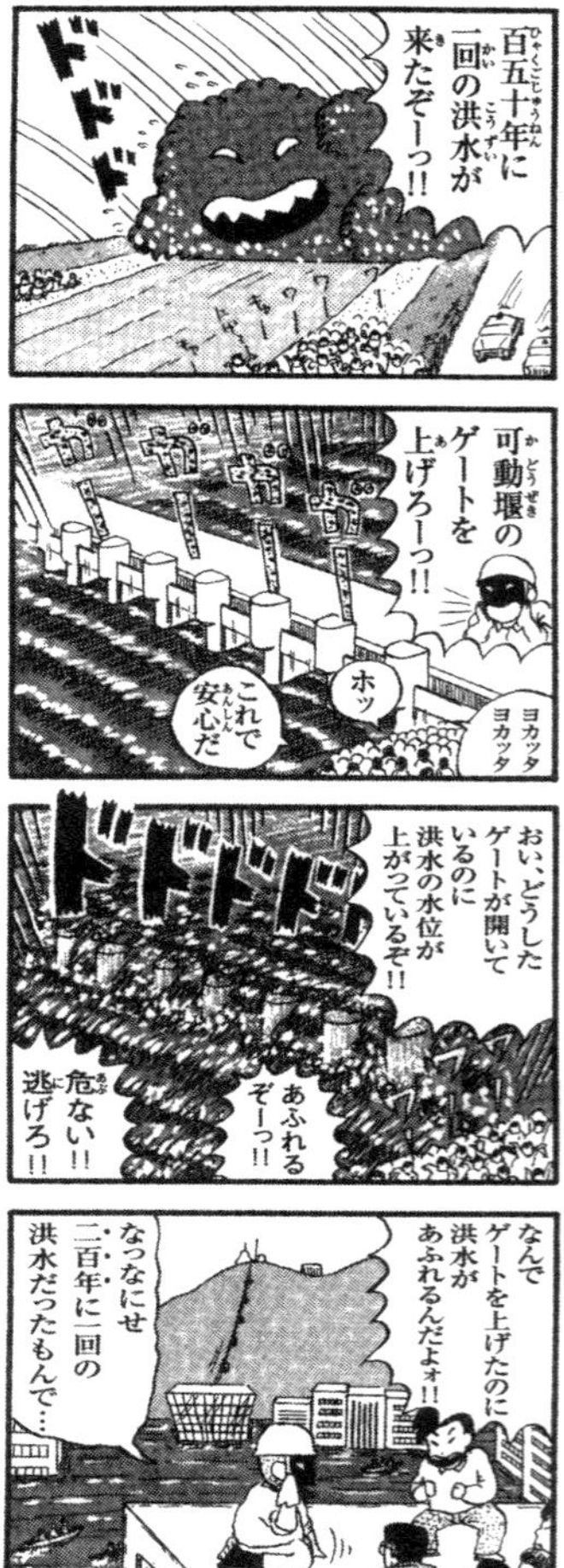

【ヘドロ、シルト】
平成7年に運用開始した長良川河口堰の上下流の川底は、数キロメートルにわたってヘドロが堆積していますが、これを建設省はヘドロと認めず、「シルト」という表現で、単に粒の小さな、黒くなった泥であると説明しています。

ヘドロ君の復しゅう

しかしヘドロくんも なにかと悪《わる》モンに されて カワイソー だネ
コクリ
別《べつ》になりたくて なったんちゃうのに 問題《もんだい》が おきると いつも目《め》の かたきにされて
ううっ
それもこれももとは 人間《にんげん》がいちばん いけないん だよネ。 可動堰《かどうぜき》なんか 造《つく》ったから
そーだ そーだ!!
なるほど可動堰《かどうぜき》に 復讐《ふくしゅう》するために ヘドロが増《ふ》えるのか
のそ のそ のそ

くさいものにはフタを!

ヘドロくんは 建設省《けんせつしょう》に 認《みと》められて ないん だってネ
ううう…
ウルウル
でも建設省以外《けんせつしょういがい》の 他のみんなは認めて いるから いいんじゃ ないの?
市民団体とか 学者とか…
ううう ううう……
ズズ
とかなんとか言って 建設省から そんなもの もらったり してけっこう 大事にされて いるんじゃない それってベッド?
ちがう!!
建設省支給品
臭《くさ》いモノには フタだ そうです!!
バタン
建設省支給品

第十堰に関心を持つようになった市民も多数訪れるようになった。

住民投票の会は、秋には可動堰計画の問題点を解説する新しいパンフレット、「ほんとうに可動堰で命と財産を守れるの?」を作製した。可動堰の効果や財政と環境に与える影響を図表と四コマ漫画(資料16参照)で解説したもので、一〇万部を印刷してボランティアが市内の全戸に配布した。一面にはCGによる可動堰と建設予定地の合成写真が掲載され、可動堰が完成した場合の吉野川の姿を知ることができるようになっている。二、三面には第十堰付近の改修は現堰の補修で足りるという考え方とともに、青石組の第十堰を復元したイラストが描かれており、住民投票後の吉野川の治水のあり方についても早くも展望が示されている。

こうして秋も深まり始めた頃、市議会議員の間では住民投票を実施しようという気運が急速に高まった。その理由は、可動堰問題がいつまでも長引いていると翌年の衆議院選挙で保守系候補が不利になるため、住民投票に反対していた保守系議員たちがむしろ早く投票を済ませてしまいたいと考えるようになったからだといわれている。その結果、翌二〇〇〇年の一月にも住民投票が実施される見込みとなった。

一二月六日に開会した市議会の一二月定例会では、住民投票の実施日を定める「期日条例案」、住民投票を実施するための補正予算案や施行規則などが審議された。

市議会では、投票時間を選挙よりも短い午後六時までとすること、投票所の数も選挙の投票所より減らすことが議論されたが、そんなことをすれば市民に誤解が生じて混乱するおそれがあることは目に見えている。小池市長は、市民の住民投票への参加の機会を最大限保障する必要があるとして、施行規則では公選法に準じて投票を実施するという方針を明らかにした。

また、告示後はポスターの掲示・チラシの配布の禁止、街宣車の使用を禁止することが議論された。前述のように、住民投票は市民が賛否両論に耳を傾けてより説得的な意見に一票を投じることを目的とするのであるから、ポスターやチラシ、街頭演説などによって議論を深めることは不可欠である。なぜ市議会はわざわざ住民投票の目的に反することを決めようとするのだろうか。徳島では直接請求の際に市民がパンフレットや街宣活動によって可動堰計画の問題点を明快に説明し、その結果として空前の署名数が集まっていたが、市議会はこのような市民の活動を危険視したのではないだろうか。そのような動機で市民の表現行為を制限するのであれば、それは言論弾圧である。

市議会はこれらの行為を禁止するために住民投票条例を改正しようとしたわけではないので、市長が制定する規則で禁止しようとしていたと考えられる。しかし、ポスターやチラシ、街頭演説による意見の表明は市民の重要な権利であるから、その制限は少なくとも議会の制定する条例によらなければならず（現行の地方自治法一四条二項はこのことを明記している）、しかも表現の自由を保障する憲法二一条に違反しないように相当慎重な配慮が必要である。なぜ議会はこのように重要な原則に思い至らないのだろうか。

結局、市民の表現の自由を規則などで制限できるはずはなく、告示後のポスター掲示・チラシ配布の制限、街宣車の使用禁止（連呼の禁止）は議員間の申し合わせ（紳士協定）とすることになった。市民団体はそんなものに拘束されるいわれはないとして、従来どおり可動堰計画の問題点を市民に訴えた。

投票率が五〇パーセント未満で不成立となった場合に開票するかどうかについては、小池市長は条例を制定した議会の意向を尊重するとしていたが、前述のように市の規則では開票しないこととされた。これは後日談であるが、もし投票率が五〇パーセント未満となった場合、住民投票の会は投票用紙の処分禁止を求める仮処分申請をした上で、情報公開条例によって投票用紙の公開を請求し、拒否された場合には拒否処分の取消訴訟を提訴することにして、投票用紙の開示を求める法的手続を準備していた。

一二月定例会の最終日となった二〇日には、期日条例と住民投票の実施に必要な補正予算案（四五八〇万円）が可決された。これによって投票期日は翌二〇〇〇年一月二三日と正式に決定され、可動堰建設の賛否を問う住民投票の実施は確実となった。

投票運動

一月二三日の投票日までは年末年始をはさんで約一か月を残すだけである。住民投票の会や吉野川シンポなどの市民団体は可動堰問題についての情報提供を着実に続けていたので、試験前の学生のように慌てる必要はなかった。残されたハードルは投票率五〇パーセントを突破し、投票を成立させることである。

住民投票の会は「投票に行こう！」というキャンペーンを精力的に展開した。まず直接請求の際の受任者すべてにハガキを出し、電話をかけて投票を呼びかけた。市内には板東孝明氏がデザインした「みんなで決めよう！・第十堰」の黄色い幟とポスターが目立ち始めた。板東氏は一月二三日を意味する「一二三」をあしらったプラカードも作製し、市議会議員選挙の際に住友達也氏が考案したプラカード作戦が再び始まった。プラカードを持つ市民が雨の日も風の日も国道沿いに立ち、行き交う車に投票を呼びかけた。住民投票は選挙ではないのでマイクを使う投票運動も自由だが、静かに投票を呼びかけるこの作戦には声高に投票を呼びかけるのとは違う効果があった。

一月一六日には、第十堰で「黄色いチェーン（人間の鎖）作戦」が行われた。黄色いプラカードを持った多数の市民が第十堰に集まって両岸をつなぎ、投票への参加を訴えた。

住民投票の会は辻説法や戸別訪問も強化した。会のメンバーは辻々に立って可動堰計画の問題点を訴え、一月二三日には投票へ出かけることを呼びかけた。筆者も選挙の応援演説の経験を積んで少しは慣れていたので、しばしば街頭に立った。三分間のスピーチ程度にまとめるためには論点を絞り、具体的な例を示すことが効果的である。そこで、第十堰ができてから二五〇年の間に第十堰が原因で洪水が起こったことは一度もないのになぜ一五〇年に一度の洪水に備えるために第十堰を撤去しなければならないのか、今の日本の財政赤字を一万円札で積み重ねると富士山の高さの一五〇〇倍にも達するのに徳島県民一人当たり一二万円以上の負担となる可動堰を建設する余裕があるのか、などの論点を中心にアジテーションを行った。ギャラリーの中には肯いたり拍手をしてくれる人も少なくなかった。

選挙と違い戸別訪問が禁止されていないことは、直接請求の署名収集と同様である。住民投票の会は全戸訪問を目標として戸別訪問を行い、投票を呼びかけた。応対に出た市民のほとんどはきわめて好意的で、必ず投票に行くと約束してくれた。

前述のように、可決された住民投票条例は「賛否いずれかの投票をなさしめる目的をもって戸別訪問をすること」を禁止し、一〇万円以下の罰金を科すと規定しているので、念のため可動堰計画に対する賛否の見解は表明しないように注意した。ところが、市民の側からいろいろ質問されることも少なくないので、資料を示して回答していると、それは結局可動堰計画には多くの疑問があるので反対だ、住民投票ではあなたも反対票を投じて欲しいという意見の表明になってしまう。

いったいそのことの何が悪いのだろうか。むしろこのように議論を積み重ね、市民の意見を政治や行政に反映させていく過程は、民主主義社会にとってもっとも重要なことではないだろうか。こうして多くの市民と実際に議論をしてみると、そのことの大切さを改めて痛感する。訪問を受けた市民は説明を参考とし、納得できなければ賛成票を投じればよいのである。このように重要なプロセスを罰則をもって禁止するとは、まったくおかしなことを決めたものである。

なお、住民投票の会は「賛成派も反対派もいっしょに考えよう」、「住民投票は反対運動ではない」などと言いながら、実は反対運動なのではないか、看板に偽りがあるのではないかという批判があり得るだろう。実際にそのような声が聞かれることがないわけではなかった。

確かに、住民投票の会のメンバーはほぼ一〇〇パーセントが可動堰計画に反対であった。そうであるとしても、実際に行われる住民投票では市民は賛否両論のいずれを表明することもできるし、投票結果には市民の意見が明確に反映される。住民投票という「制度」自体はきわめて中立的なのである。これに対して、住民投票を実施する「人」の側は賛否いずれかの意見を持っていることがむしろ普通である。どちらでもないという人はまだ決めかねているか、関心がないかのいずれかであろう。もし、「可動堰反対派が要求する住民投票は反対運動であって、インチキである」ということになれば、住民投票を要求できるのは「どちらでもない人」、つまり「まだ決めかねているか、関心がない人」に限られることになってしまう。「どちらでもない人」が住民投票を要求することは実際にはあり得ないであろう。

このように見ると、重要なのは住民投票が公正に行われることであって、そのためには住民投票に関わる者が自分の意見が有利になるように情報を改変したり、票を操作したりして投票の公正さをねじ曲げてはならないということである。住民投票の会のメンバーが可動堰計画にどのような意見を持っているかは、直接関係がない。会のメンバーが情報を改変したり、票を操作したりしていないことはいうまでもないであろう。

可動堰推進派も住民投票に向けて活動を活発化させていた。推進派の母体の一つは、一九九〇年に流域の二市六町によって結成された「第十堰建設促進期成同盟会」である。九九年一月には推進派の市民団体が主催し、同盟会の後援により徳島市内で五〇〇〇人が集まる決起集会が開かれた。住民投票の会のメンバーも視察に出かけたが、県内各地から続々とバスが到着して盛況だったそうである。会場では圓藤知事が時間を超過して熱弁を振るったが、遠方に帰る出席者には不評だったという。

住民投票の実施が決まった九九年一二月には、貞光町など中流域の町を拠点とする「第十堰・署名の会」が約三〇万人分の署名を集めて建設省に可動堰の早期着工を求めた。可動堰建設による水位低下の効果は第十堰の上流五キロメートルでゼロになるから、せっかく署名した人々には恩恵がないということになる。この情報は判断材料としてきちんと提供されていたのだろうか。

可動堰推進派の議員も街頭演説を開始した。ある日、徳島駅前で街宣活動をしようと出かけると、自民党の国会議員が先客だったので傾聴しながら順番を待つことにした。ところが演説を聴いて筆者は耳を疑った。「住民投票は共産党の運動です。絶対に阻止しなければなりません。」この繰り返しなのである。

住民投票の会は、前述のようにあらゆる政党の協力を歓迎するが、政党が内部に入ることは遠慮してもらうという方針を貫いていたから、共産党の運動だというのは誤りである。そもそも共産党の運動だと主張することが、どうして可動堰の必要性を説得したり、住民投票を批判することになるのだろうか。国民を代表するはずの政治家として、あまりにもことばが貧困であり、論理性を欠いている。この議員はつい最近も「絶対に可動堰を建設する」と宣言したそうであるが、そうであるならばその根拠を説得的に説明するべきである。

建設省は可動堰建設の必要性を理解していないと思われる人々に対して個別の説得工作を行っていた。議員や元国会議員の妻など地元の名望家が主な対象だったようであるが、筆者も説得の対象に選ばれるという栄に浴した。ある秋の夕方、薄暗くなる頃に吉野川の畔にある県の教育施設に一人で呼び出され、高松から出向いてきた広報担当の二人の職員から懇切な説明を受けたが、生憎すでに建設省や徳島県のパンフレットで知っていることばかりであった。

そこで、「ではこちらからお伺いしますが、今の説明で住民の理解を得られているとお考えですか」と質問すると、「いいえ、得られていませんねえ」という実に率直な答えが返ってきた。「ではなぜ理解を得られていないのか一緒に考えてみましょう」と提案し、対立する争点については賛否両論を示してどちらが説得的であるかを比較しなければ住民の理解は得られない、ところが国や県の説明は可動堰が必要だという一方の意見しか示していない、これではダメだ、という持論を開陳した。二人の職員は大いに納得し、「今日はたいへん勉強になりました」と感謝の言葉を残して夕日の余韻の残る堤防の上を去って行った。

住民投票が近づくと、可動堰推進派は予想通り投票のボイコットを呼びかけた。推進派としても可動堰の必要性を市民にアピールする絶好の機会なのに、もったいないことである。ボイコット運動が起こると可動堰の必要性に関する議論が投票の是非にすり替えられ、議論が深まらないことが懸念されたが、徳島では実際にはそれは杞憂であった。徳島市民はすでに様々な情報源によって可動堰建設の問題点を理解し、ボイコット運動に同調することなく、自らの意見をしっかりと形成していたのである。

投票成立・反対が圧倒的多数に

投票日が近づくと、全国から多数のボランティアの市民が集まった。学生が多かったが、休暇をとってやってきたという社会人も少なくなかった。大半は若い世代で、環境に対する高い意識が徳島へ来る動機となっていた。ボランティアの人々はポスター貼りやビラ配り、プラカード作戦などを手伝った。直接請求の署名収集以来、すっかりお馴染みになった常連の人たちは特に手際がよかった。

著名人や国会議員も応援に駆けつけた。作家の田中康夫氏とタレントの河内屋菊水丸氏は住民投票音頭に合わせて繁華街を練り歩いた。住民投票の会には、どこへ行けば菊水丸さんに会えるのかという電話が多数かかってきた。中村敦夫参議院議員も徳島の常連であったが、公共事業をテーマとする講演会を行った。元神奈川県逗子市長で池子米軍住宅の住民投票を経験した富野暉一郎氏も何度も徳島を訪れ、辻説法に立った。

政治家では、後に首相となる鳩山由紀夫氏や官房副長官を務める福山哲郎氏など民主党議員がしばしば来訪し、街頭で住民投票への参加を訴えた。民主党は当初は様子見という態度であったが、この時期には徳島の住民投票が日本の民主主義や政治状況にとってきわめて重要な問題であることを認識したようである。政権運営についていろいろ批判されている民主党であるが、徳島の住民投票やその後の市民の動きに対しては常に協力的であった。

投票日の前日になると、徳島市内には夥しい数の住民投票のポスターが貼られ、幟がはためいていた。おそらく市街地のほとんどすべての電柱にポスターが貼られていたのではないだろうか。駅前で街頭演説をしていると、バスの運転手も多くが手を振っていく。地元紙には市民のカンパによって投票を呼びかける全面広告が掲載された。徳島市はただならぬ熱気に包まれて投票日を迎えた。

投票日の朝は、寒く、小雨の降るぐずついた天気であった。投票率が気になったが、投票所となった近くの小学校へ行ってみると、まだ暗いうちから多くの市民が投票に訪れていた。これから仕事に行くという身なりのパン職人、そば店員、作業員、そして犬を連れた散歩の途中の老夫婦、若い世代の人々。幅広い層の市民が、静かに、途切れることなく、吉野川の未来を託した一票を投じていく。この光景を目の当たりにしていると、住民投票が民主主義のルールとして定着し、日本の民主主義が新しい時代を迎えた瞬間に立ち会っていることが実感できて感動的であった。

午後には雨も上がり、日が射し始めた。選挙と違って投票当日も運動ができるので、住民投票の会のメンバーやボランティアの市民は、プラカード作戦、街頭宣伝、戸別訪問に余念がなかった。商店街の買い物客や郊外で農作業をしている人々に声をかけると、いずれも「もう投票しました」という答えが返ってきた。午後六時頃には一万一〇五五票の不在者投票が加えられ、成立要件の投票率五〇パーセントを超えることは確実となった。

住民投票の会の事務所では、多数の報道関係者が殺到することが予想されたので、事務所前の駐車場にテントを張って記者会見場を特設した。二階の事務所では床が抜けるおそれがあったのである。実際に夕方以降続々と全国から報道機関が集まり、テレビの中継車や多数の記者によってかなり広い駐車場は埋め尽くされた。

午後一一時頃には開票結果が判明した。投票総数一一万三九九六（投票率五五・〇パーセント）、可動堰建設に反対する投票数一〇万二七五九（九一・六パーセント）、賛成する投票数九三六七（八・四パーセント）であった。反対票は九割を超え、「可動堰ノー」という徳島市民の意思が明確に示された。テレビのニュースや翌日の新聞ではこの結果とともに、「徳島市民を誇りに思います」と語る姫野代表の記者会見の内容が大きく報じられていた。

徳島市民国会へ

代表の姫野さんを始めとする住民投票の会のメンバーは、投票後の二月二日から三日にかけてバスを仕立てて上京し、建設省と国会の各政党を訪れた。住民投票の結果を報告し、これを尊重するように要請するためである。建設省は大臣が、各政党は幹事長クラスが市民と応対した。

建設省の大臣室で市民と会談した中山正暉建設大臣は「ゼロから考えたい」と発言した。「それは可動堰ありきではなく、どうすることが吉野川にとってもっとも良いのかをゼロから考えるということですか」と問いかけると、大臣は明確に「そうです」と回答した。せっかく要人と会談するときは、率直な質問をして明確な答えを引き出すことが重要である。外で待機していた新聞記者たちに、大臣は可動堰ありきではなく、ゼロから考えたいと発言されたことを伝えると、どの記者も熱心にメモをとっていた。

自民党本部では、当時の亀井静香政務調査会長と面会することができた。ある「政界のフィクサー」が現れて、即時にアポイントを取り付けてくれたのである。自民党本部六階の政調会長室の前には外国人を含む陳情客がかなり長い列を作っていたが、「フィクサー」はすべて飛び越して徳島市民を政調会長室に招き入れた。ちなみに姫野さんに「あのフィクサーはどういう方なのですか」と尋ねると、まったく知らない人だということであった。

亀井氏に「中山建設大臣は、可動堰ありきではなく、ゼロから考えるとおっしゃいました」と告げると、亀井氏は「当然だ。党と建設省を指導する」と約束してくださった。再び外で待機する新聞記者に亀井氏の発言を伝えたのはもちろんである。翌日の新聞には「吉野川可動堰白紙に」と報じられていた。

その後、自民党など与党三党は公共事業の見直しに着手する。その一環としてこの年（二〇〇〇年）の八月に亀井氏は徳島を訪れて第十堰を視察し、可動堰計画は正式に「白紙・凍結」となった。「凍結」というのは中止ではなく、解凍して復活する可能性があるという意味であるが、政調会長室での亀井氏と徳島市民との約束はひとまず守られたといえる。

三つのパラドックス

徳島市で住民投票が行われ、可動堰計画が曲がりなりにも白紙となった経過は以上の通りである。徳島市民は条例制定の直接請求、市議会選挙そして五〇パーセント要件というハードルを次々と越え、住民投票を成功させた。今日でも日本の各地では市民が住民投票を求めても議会や行政の壁に阻まれることがきわめて多いが、なぜ徳島市民は住民投票を成功に導くことができたのだろうか。住民投票の会の内部にいた者として思い当たるのは、徳島の住民投票はこれまでの常識を覆す三つのパラドックス（逆説）によって成功したのではないかということである。この点はすでに別稿（日本都市社会学会年報一八号、二〇〇〇年）でも論じたが、本書でも改めて検討しておきたい。

一つは、徳島の運動は基本的に反対運動ではなかったために、かえって市民の間には明確な反対の意思が形成されたということである。住民投票の請求は可動堰に反対するためではなく、計画に住民の意見を反映させるために行われてきた。反対のための運動ではないのだから、事業を推進する行政機関や推進派の住民にも参加の途が開かれている。むしろ、推進派も積極的に参加して可動堰の必要性を説明し、市民を説得しなければ、市民の理解は得られないのである。

徳島では可動堰推進派の住民が議論に参加して可動堰の必要性を説明することはほとんどなかった。しかし、事業主体である建設省が議論に加わるようになったことは、議論を深め、住民の関心を高める上で大きな役割を果たした。そして、住民は可動堰を必要とする根拠よりも不要とする根拠の方が説得的であると判断したことにより、多くの市民が住民投票を求め、九割以上が反対票を投じるという結果になったのである。始めに反対ありきではなかったために建設省を巻き込んで運動の輪が広がり、議論が深められ、結果的に圧倒的多数の住民が反対の判断をしたことは、逆説的であるが大きな教訓である。

二つめは、治水のような科学的・専門的な問題について、素人の市民が専門家であるはずの建設省よりも科学的で説得的な議論を展開したことである。可動堰の必要性のような専門的な問題は住民には判断できないといわれるが、市民団体は専門家の協力を得ながら可動堰を必要とする建設省の論拠をすべて論破し、むしろ環境と財政に対して多大な負担をかけることを実証した。その中でも最大の成果は、建設省のせき上げ水位計算が誤っていることを証明したことである。その根拠が住民にも理解できるように明快に説明されていることは、本書の第二章で見た通りである。

これに対して建設省や徳島県は多額の税金を使って広報をしながら賛否両論を公平に扱うことはなく、その論拠は薄弱で洪水の恐怖に訴えるような感情論が目立っていた。治水対策は専門家に任せるべきだという一般論や、「生命・財産を守る」という抽象論によって治水事業が正当化できるわけではない。建設省や県の河川担当者は治水の専門家として可動堰の必要性を住民にわかりやすく説明する責任を負っているが、そのような説明責任を果たすことができなかったのである。

三つめは、政党のような組織力も行動力もないと思われていた市民団体が、政党色を排したことにより、むしろ政党以上に市民の力を結集できたことである。今日の日本では周知のように国民の政党離れ、政治離れが著しい。その理由は、政党が特定の集団の利益代表であっても、国民全体の利益代表とはなり得ていないからだろう。もし、徳島の住民投票運動が政党主導で行われたとすれば、市民全体の利益のためではなく、党利党略のための運動と化し、広範な市民の支持を得られることはできなかったのではないだろうか。

住民投票を求める徳島市民の運動は、吉野川と徳島の将来のために行われた市民による市民のための運動であった。そこには本書で見たように従来にない洗練された市民運動のスタイルが形成された。これまで社会の変化は大都市から起こるように思われていたが、徳島市が大都市ではなく、人口二六万人の中規模の地方都市であったことも市民の力を結集するのには適していたといえよう。

なお、住民投票の会の活動はすべて市民からの寄付金・カンパ、そして広告費と物品販売の収入で賄われた。住民投票の会が結成された一九九八年九月から投票実施後の二〇〇〇年二月までの間に要した費用は約一六二六万円であった。これに対して収入は約一六六七万円であり、差し引き四一万円の黒字決算となる。

収入の大半は寄付金・カンパであり、約一四一六万円に達している。この中にはある商店主からの一〇〇万円の大口寄付が一件あったが、これはむしろ例外で、大部分は数百円から数千円程度のカンパが占めている。財政面から見ても、徳島市の住民投票は多くの市民によって支えられていたのである。寄付金は振込のほか、住民投票の会やイベント会場に置かれた募金箱によって集められた。

支出を見ると、最大の出費は通信費の五二〇万円であり、印刷費の四七一万円と広報費の一九九万円、事務費の一四六万円がこれに続く。通信費は有権者（投票資格者）に署名や投票を呼びかけたり、署名収集の受任者と連絡をとるための電話料金と郵便料金である。印刷費は署名簿やポスター、市民に配布するパンフレット類にかかった費用である。

もう一つ、徳島の住民投票が成功した大きな要因として忘れてはならないことは、姫野雅義さんというリーダーを得たことである。前述の三つの逆説も、反対のための反対ではなく、科学的客観的に議論し、政党に頼らず市民の力を信頼しようという姫野さんの戦略から生まれたものである。こういうと、「住民投票が成功したのは自分の力ではなく、市民の力です」という姫野さんの反論が聞こえてくるようである。そのような姫野さんの信念が一〇万人の市民を動かす大きなリーダーシップを生んだということは、あるいは最大のパラドックスであるのかも知れない。

第七章　吉野川流域ビジョン21委員会

可動堰によらない治水計画

住民投票を成功させた徳島市民は、すぐに新たな動きを開始した。住民投票はそれ自体が目的であるわけではなく、住民投票によって圧倒的多数の「可動堰ＮＯ」という徳島市民の声が示されたのであるから、次はこれを実現させなければならない。そのためには可動堰に頼らずに吉野川の治水計画を進めていく必要がある。そこで徳島市民は、可動堰によらない吉野川の治水計画を市民の側から提示することを次の目標とした。第十堰住民投票の会は役割を終え、

「可動堰ノー」の結果を受けて会見する住民投票の会

住民投票の会のメンバーを中心とする徳島市民は、二〇〇〇年四月、「吉野川第十堰の未来を考えるみんなの会」を結成した(以下、「みんなの会」という)。みんなの会は二〇〇二年五月にはNPO法人「吉野川みんなの会」として認証を受け、その後はNPO法人として活動することになる。

みんなの会は、資金を集めるために「第十堰基金」を設立し、市民に募金を呼びかけたところ、二〇〇一年四月までの一年間で八〇〇万円を超える資金が寄せられた。同年五月二六日にはこの基金による調査を開始するため、東京で「吉野川専門委員会」(仮称)の設立準備会が開かれた。

会場となった法政大学には、みんなの会が委嘱した森林生態学、環境政治学、植物生理学、河川工学、植生生態学、水文地理学、地盤工学・土質力学、行政法、社会工学・経済政策、森林計画、植物生態学、森林政策学を専門とする一二人の研究者が全国から集まった(最終的には一三人となる)。筆者もメンバーの一員であったが、会議の際には議長役を務めることになった。

準備会には徳島市の職員も出席した。可動堰推進派だった徳島市の小池正勝市長は住民投票の結果を受けて可動堰反対へと立場を転じ、市役所に「可動堰の代替案検討チーム」を設置した。このチームの職員が参加したのである。市長が市民の側に立つようになったことは政治家として立派な決断である。これは間接民主制が本来の機能を回復したことを意味しており、住民投票の大きな成果の一つである。

準備会は、森林生態学を専門とする広島大学の中根周歩《かねゆき》教授を代表に選出するとともに、研究グループの名称を「吉野川流域ビジョン21委員会」（以下「ビジョン21」という）とすることを決定した。これまでの治水政策は川を単なる水路とみなし、洪水をすべて河道に閉じ込めてなるべく早く流下させることだけを目標としていたが、これからは森林の整備や人と川との関わりを含めて流域全体の問題として考えていく必要がある。吉野川流域ビジョン21委員会という名称にはこのような意味が込められている。

研究の二つの柱

二〇〇一年八月には徳島で第二回の委員会が開かれた。これ以降の委員会はいずれも徳島で開かれることになる。ビジョン21は吉野川の治水を流域全体の問題として多面的に研究することを目的としているが、第二回の委員会では研究には二つの大きな柱があることが確認された。

一つは、第十堰の整備である。現在の第十堰が洪水の原因になることはなく、現堰の補修と堤防の強化によって治水と利水に対処できることはほとんど疑いがない。よって具体的にどのような補修を行うかを検討する必要があるが、その際には現堰周辺の景観や環境にも配慮して、先人たちの貴重な遺産をより魅力的なものとして受け継いでいくこととした。第十堰の整備は、河川工学が専門の新潟大学の大熊孝氏が担当することになった。

もう一つは、流域の森林整備によって土壌の保水力を向上させることである。これによって雨が一挙に川に流れ込まなくなり、洪水時の吉野川の流量を低下させることができれば、可動堰やダムを造る必要性はいっそう小さくなる。豊かな森がヘドロを溜める可動堰の代わりをするというのは、夢のような発想の転換である。しかも、森林整備は中山間地域に新たな雇用を生み、費用も可動堰やダムの建設よりはかなり安く済むことが期待できる。環境、財政、雇用のいずれから見ても、「緑のダム」はまさに一石三鳥の治水対策である。この緑のダムの研究は、森林生態学が専門の中根周歩代表が担当することになった。

ビジョン21の研究費用として約三〇〇〇万円が必要であったが、そのうちの一五〇〇万円は市民からのカンパで賄い、残りの一五〇〇万円は徳島市から補助金が支給されることになって財政面の見通しも立った。直接の研究経費と委員会出席のための交通費はみんなの会から支給されるが、後は研究担当者の手弁当である。こうして市民と研究者の協働による可動堰の代替案作りが本格的に動き始めた。

同年一〇月には第三回委員会が開かれたが、議論を聞いているとビジョン21はこの年の春に動き出したばかりであるにもかかわらず、この頃には各委員が自分の専門分野から第十堰を的確に洞察していることに驚かされた。次に見るように、委員会の会議では傍聴の市民にもわかりやすい言葉で議論が深められ、市民のための開かれた学問の世界が形成されていた。

進む学際的研究

二〇〇一年四月に結成されたビジョン21は、その後徳島で年に三〜四回程度の委員会を開き、その間に各委員は担当のテーマについて研究を進めていった。

現堰の補修方法の検討を担当する新潟大学の大熊孝氏は、第十堰では水流が強く当たる部分は石を縦に突き刺すように組む「ゴボウ突き」、そうでない部分は水流の抵抗が弱くなる「平並べ」という石積の技術が使われていること、また第十堰は河床の安定した砂礫帯の上に築かれていることを紹介し、第十堰はこのような技術によって二五〇年間継承されているが、さらに一〇〇〇年技術として第十堰を継承すべきであることを提言した。また、第十堰の高さは第十樋門（**資料1参照**）より低ければ取水に支障はないので、堰高を切り下げることによってより治水安全度を高めることができることも提案した。

予算も権限もないビジョン21にどの程度の調査が可能なのかという懸念があったが、具体的には、①上堰は青石で補修・強化する、②下堰の左岸側は標高四・五メートルまで切り下げて青石で補修する、③下堰の右岸側も標高四・五メートル〜四・〇メートルまで切り下げて青石で補修するという改修案が検討の対象となった。

これに対してオブザーバーとして参加していた委員から、斜め堰にはマイナス面の方が多く、堤

〈資料17〉タンクモデル

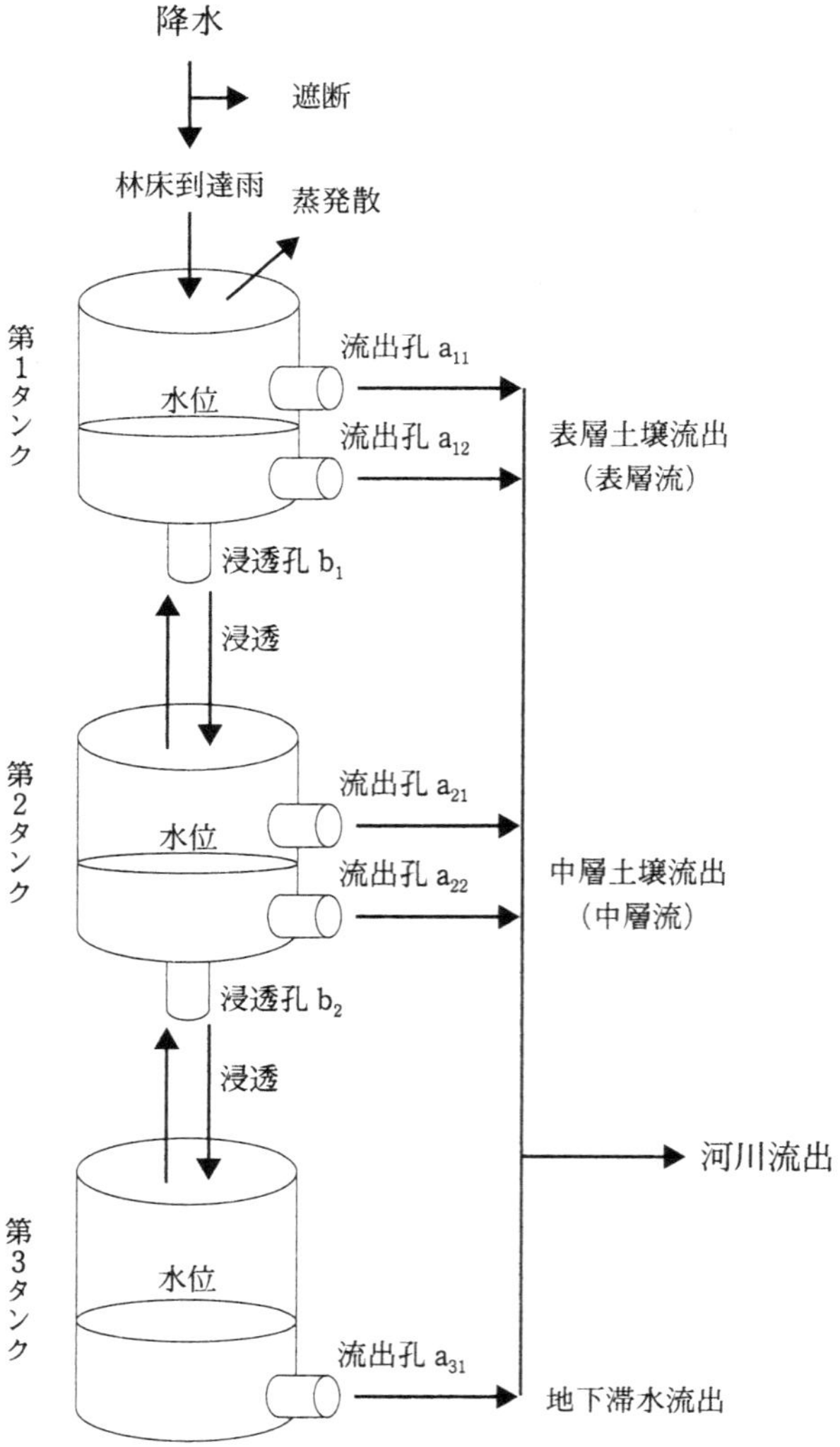

流域の平均雨量を与えることによって、流域から河川に流出する雨水量(河川流量)を再現するタンクモデルの概略図。(中根周歩氏提供)

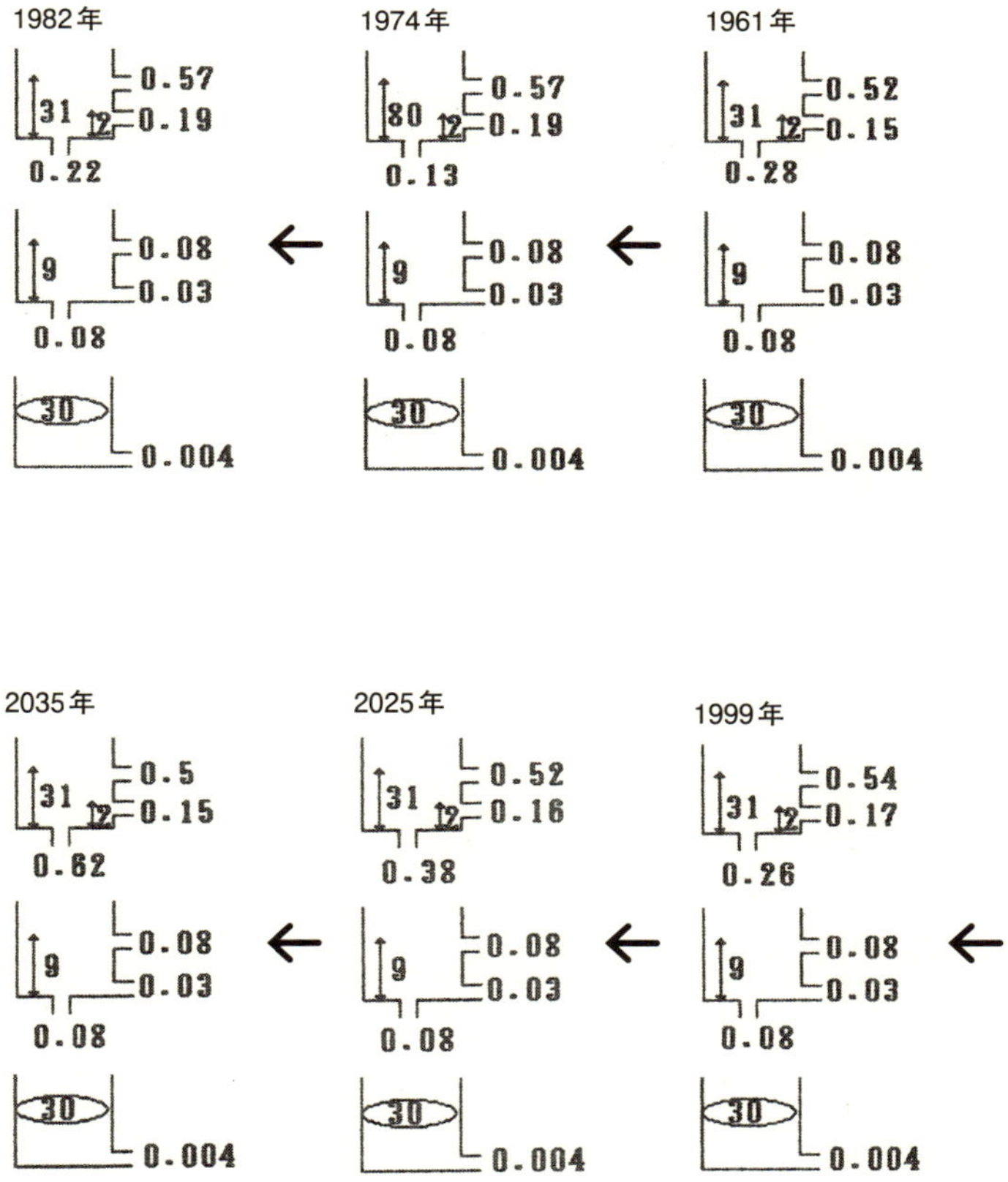

135　第七章　吉野川流域ビジョン21委員会

1982年　　　　　　　1974年　　　　　　　1961年
　0.57　　　　　　　　0.57　　　　　　　　0.52
31 12 0.19　　　　30 12 0.19　　　　31 12 0.15
0.22　　　　　　　　0.13　　　　　　　　0.28

　0.08　　←　　　　0.08　　←　　　　0.08
9　　0.03　　　　　9　　0.03　　　　　9　　0.03
0.08　　　　　　　　0.08　　　　　　　　0.08

30　　　　　　　　　30　　　　　　　　　30
　　0.004　　　　　　　0.004　　　　　　　0.004

2035年　　　　　　　2025年　　　　　　　1999年
　0.5　　　　　　　　0.52　　　　　　　　0.54
31 12 0.15　　　　31 12 0.16　　　　31 12 0.17
0.62　　　　　　　　0.38　　　　　　　　0.26

　0.08　　←　　　　0.08　　←　　　　0.08　　←
9　　0.03　　　　　9　　0.03　　　　　9　　0.03
0.08　　　　　　　　0.08　　　　　　　　0.08

30　　　　　　　　　30　　　　　　　　　30
　　0.004　　　　　　　0.004　　　　　　　0.004

岩津地点のタンクモデル

防に対して直角の堰を新たに建設する方が望ましいという意見が示された。これを契機として、現堰の存続を基本方針とする多数意見との間で激しい議論が交わされ、それは懇親会の席にも持ち込まれた。同じ価値観や立場の人々が集まると、その意見はともすれば「仲良しクラブ」的にまとまりがちになってしまうが、この反対意見によって多数意見は異なる見地から検証を迫られることになった。このオブザーバー委員がひるむことなくいつも出席してくださったことは、議論を深める上でとても有益であった。

流域の森林整備（緑のダム）を担当する広島大学の中根周歩代表は、まず学生やボランティアの市民とともに流域の森林に分け入り、現地調査を行った。吉野川上流域の一九ヶ所で三〇ミリの水が土壌に浸透するのに要する時間を調査したところ、手入れの悪い、放置人工の針葉樹林では平均一分〇七秒であるのに対し、隣接する自然広葉樹林では二七秒であった。約二・五倍の差は有意な違いであり、広葉樹林の表層土壌の貯水量も放置人工林と比較して約一〇パーセント大きいことから、広葉樹林の土壌保水力が高いことが明らかとなった。森を歩いてみると人工林の土壌は固くてカチカチなのに広葉樹林の土壌はフワフワしているが、実際の保水力にも違いがあることがデータで裏付けられたのである。人工林を適正に間伐すると広葉樹が生育して混合林となり、土壌の浸透能や貯水力、すなわち土壌保水力は自然の広葉樹林とさほど変わらなくなることも紹介された。

中根氏は、さらに流域レベルの河川流量を再現（シュミレート）する「タンクモデル」という手法を使って、流域の保水力が流域の森林の変遷に伴って変動していることを定量的に示した。すなわち、一九六〇年代から大々的に行われた森林（広葉樹林）の伐採と人工林化によって流域の保水力が低下したが、その後、森林（人工林）の成長に伴って流域の保水力が回復していること、しかし適切な人工林の手入れ（強間伐による針広混交林化）が行われなければ、その回復にも限界があることを示唆した。そこで、流域の人工林の土壌の保水力を増加させるためにはどの程度の間伐が必要であるか研究を進めていった。

タンクモデルとは、**資料17**のようなモデルを使って森林から河川への雨水流出量を算定する方法である。降った雨は、まず、①土壌表層から浸透して第一タンクに貯留され、その量（水位）に比例して表層流として河川に流出したり、第二タンクに浸透する。次に、②第二タンクに浸透した雨水は、同様にその量（水位）に比例して、中間流として河川に流出したり、第三タンクに浸透する。さらに、③第三タンクに貯留した雨水はその量（水位）に比例して地下滞水流として河川に流出する。それぞれのタンクから流出し、浸透する水量の割合は流域ごとに決まっており、その割合（比例定数）をそれぞれ流出係数、浸透係数という。

これらのタンクの係数値は、年間を通して実測された時間当たりの降水量とその森林流域の河川流量に基づき、もっとも誤差が小さくなるように決定される。結果的に①＋②＋③の合計がその時の河川流量となるが、流出係数が小さいほど、そして浸透係数が大きいほど、洪水時の河川流量は減少する。

実際に、流域の森林の保水力が高い場合は第一タンクの流出係数は小さく、浸透係数は大きい傾向がある。例えば、同一流域でも、一九六〇年代に始まった一斉拡大造林以前の自然林が優占していた時期と、その後伐採されてスギやヒノキが植林された人工林が優占した時期とを比較すると、第一タンクのこれらの係数値には大きな変化がみられ、流出係数は大きくなり、浸透係数は小さくなってその保水力が低下したことがうかがわれる。

これとは逆に、スギ、ヒノキなどの針葉樹が植栽され、しかも間伐など手入れのされていない流域の人工林を強間伐(一ヘクタール当たりの立木数を六〇〇本程度になるように間伐することをいう)し、針広複層林、混交林にすると、自然の広葉樹林に復元しなくても流域の森林の保水力は向上する。強間伐の結果は第一タンクの係数に反映し、流出係数は小さくなり、浸透係数は大きくなって、洪水時の河川のピーク流量は抑制される。

これが緑のダムの効果である。各地点での流出係数と河川流量・水位との関係は過去の降水量と河川流量の時間データから知ることができるので、森林を整備して第一タンクの流出係数を小さくした場合の河川流量・水位を予測することも可能となる。つまり、緑のダムの効果は客観的に検証可能であり、中根氏の研究は吉野川の流域全体でそれを行っているのである。

この緑のダム構想に対しても異なる視点からの検証が行われた。第六回の委員会では、会議に先だってある委員から緑のダムに批判的な専門家の論文が配布された。その論文は緑のダムの実効性は実証されていないという趣旨であったが、素人の筆者が見ても緑のダムが実効的でないことを実証するものではないようであった。どのような問題でも最初のうちは実効性が証明されていないのは当然であり、実効性が不明だから実証を進めるのは無意味だといっていたら何も先へ進めなくなってしまう。

もし、緑のダムの実効性が証明されれば環境や財政に負担をかけず、しかも過疎化が進む中山間地域の振興を図ることが可能となり、二一世紀の治山治水に画期的な貢献をすることになる。だからこそ、中根氏たちのチームは知恵を絞り、汗を流しているのである。「そんなことを言っている間に、日本の森林は手遅れになってしまう」という中根代表の一言には、これまでの研究に裏付けられた自信が感じられ、説得力があった。

また、京都大学の小杉賢一郎氏から、天然林と人工林ではピーク時の表層流、中間流、地下滞水流の量はあまり変わらないという研究結果が報告された。広島大学大学院の永山啓一氏からは、可動堰と森林整備のコストを比較すると、森林整備のコストはビジョン21の報告書では可動堰の四分の一としているが、二分の一程度と予測されるという報告があった。それは吉野川でも緑のダムの効果はあまり期待できないということを示しているのだろうか。これらの報告の意味を正しく解明し、中根氏の実験結果との整合性を説明できれば、緑のダムは一歩実現に近づくのであろう。

森林整備については、森林政策学を専門とする高知大学の依光良三氏から四国の林業と中山間地域の現状と展望について報告があった。四国でも中山間地域の森林の三分の二は人工林であり、木材価格は六〇年代の水準に低下しているため、放置林が増えて森林の荒廃が深刻化しているが、高知県梼原《ゆすはら》町のように林業を基幹産業にした町では後継者も育ち、過疎化も鈍化した。結局、環境保全と森林の持続、山村の持続は不可分なのだという。高知県嶺北木材協同組合の田岡秀昭氏は、間伐をしないと木材が太陽に向かって曲がってしまうとして、生産者の視点から森林整備の重要性を報告した。緑のダムは、治水上の効果にとどまらず、中山間地域を振興し、人々の暮らしを支える可能性を秘めているのである。

水文地理学を専門とする法政大学の小寺浩二氏と水文学を専門とする三重大学の宮岡邦任氏は、河川水と地下水の交流について調査を行い、これまでの現地調査により第十堰周辺の地下水の状態がある程度解明されたが、吉野川が地下水に与える影響は複雑でそのメカニズムにはわからないことが多いとして、さらに地元の人々の協力も得てデータ取得と分析に取り組んだ。

あまり知られていないが第十堰の周辺は全国有数の野沢菜の産地であり、特に冬は信州では栽培できないため徳島産がほとんどを占めている。可動堰ができると現堰の下流に巨大なダム湖が出現することになり、水分が浸透して農地の湿潤化が進み、野沢菜などの栽培に影響を及ぼすおそれがある。このために地下水の影響を調査することは、徳島では特に重要な課題となっていた。

地盤工学を専門とする大阪市立大学の高田直俊氏は、自転車で走って吉野川の堤防を調査した結果に基づき、堤防の安定化について提言を行った。第十堰周辺は河川勾配が急で粘土質が少なく、堤防からの漏水（パイピング現象）が起こりやすいので対策を要するが、そのためには漏水の目撃談を集め、これまでの改修工事の内容を調べることが必要であるという。また、最近では堤防の天端から縦に幅数十センチメートルほどの溝を掘削し、コンクリートを注入する連続地中壁工法という技術が開発されており、非常に低いコストで堤防を強化できることを紹介した。

植生生態学を専門とする徳島大学の鎌田磨人氏は、河川敷の保全について調査し、過去の植生図を作成して比較してみると、ダム建設や砂利採取により吉野川流域の植生が自然状態から大きく変化したことがわかるが、人々が水際とどう親しもうとしているかも考慮して河川敷の整備をすすめる必要があると報告した。

植物生理学を専門とする徳島大学の石井愃義氏は、現堰の環境への影響について調査し、水量など環境要因の変動、浮遊プランクトンの変化、往来する動物の種類や数などをさらに調査する必要があると提言した。

第四回委員会の際には、京都大学吉野川研究チームの永橋為介氏と村上修一氏から、アメリカの都市計画を例にオルターナティブ（代替案）作成のイメージについてプレゼンテーションがあった。「こうすればこうなる」というシミュレーションを住民に示すことが合意形成に不可欠だという指摘が参考になった。

第四回委員会の翌日は、委員と住民有志、そして著名な経済学者である宇沢弘文氏も加わって中流の善人寺島の見学会が行われた。水害対策で住民が移住を強いられた広大な無人の中州に、家屋、学校、神社など様々な生活の痕跡が今でも多数残されていた。見学後、作家の野田知佑氏も参加して、地元の商工会と善人寺島周辺の活性化についてシンポジウムが開かれた。

当日の夜は非公式の懇親会があり、徳島市の繁華街栄町にある筆者推奨の店へ宇沢先生らをご案内した。天然の鳴門鯛や平目の見事なお造り（鯛は一匹分でいずれも一〇〇〇円！）に満足された宇沢先生は「ビジョン21の顧問になってもよい」と発言され、その後も重要な局面では何度も徳島に足を運ばれている。第十堰は世界遺産に値するというのも宇沢先生のご意見である。

現堰の保全事業

ビジョン21の研究成果は、「吉野川可動堰計画に代わる第十堰保全事業案と森林整備事業案の研究成果報告書」(二〇〇四年三月、A四判二三一頁)にまとめられた。市民と研究者そして自治体(徳島市)が協働して河川整備計画の具体案を科学的に検証し、提言したのはおそらく初めてのことであろう。この報告書の概要版はみんなの会のホームページで公開されている（www.daiju.ne.jp）。研究の一つの柱である第十堰の整備(第十堰保全事業)については次のような結論が示された。

●基本理念

本研究の基本理念は人と自然の関係を豊かにする河川構造物を目指すことであり、そのために土木工学、生態系、水循環、空間利用、堤防、魚道という多様な観点から第十堰の現状と意義を考察した。

●保全事業の前提

国土交通省（旧建設省が二〇〇一年に改組された）が第十堰全面改築（現堰を撤去し可動堰を建設する）の理由とした①せき上げ、②深掘れ、③老朽化はいずれも根拠がない。その理由は、①については、旧建設省のせき上げ水位計算は誤っており、正しく計算すれば一五〇年に一度の大雨が降っても第十堰が原因となって計画高水位（危険水位）を超えることはないこと、②については、現堰下流右岸の深掘れは高度成長期の砂利採取が原因であり、現在では深掘れは止まっていること、③については、近年は堰本体に問題は生じておらず、実際に補修費も支出されていないことである。つまり第十堰の撤去は必要がないのであるから、第十堰の保全事業はこの事実を前提とすべきである。

●具体的な保全事業

具体的な改修方法については次の三通りの方法があり、この中から予算や必要性に応じて選択するべきである。

①補修案（事業費二二億円）

必要が生じたときに具合の悪いところだけを補修する。堰本体については、浮き上がり、破損、空洞化が生じている箇所、生じる可能性がある箇所を補修する。上堰については歴史的景観を保全するために青石で補修、補強を行う。魚道を改善して魚類の遡上、降下対策を行う。

②部分改修案(事業費五二億円)

上堰から下堰左岸にかけて青石で改修を行う。その際には可能な限り堰高を切り下げる。これによって本来の意味での第十堰に相当する部分の歴史的景観を再現するとともに、治水上の効果を得ることができ、平常時の貯水量の減少と堰表面の勾配緩和によって環境への影響の軽減を図ることができる。コンクリート張りとなった上堰下流部分の景観が再現され、破損、空洞化の多い下堰左岸(約四〇〇メートル、全体の五〇パーセント)の補修と景観の再現が実現する。魚道を改善して魚類の遡上、降下対策も行う。

③全面改修案(事業費七二億円)

上記の部分改修案に加え、下堰右岸(約四〇〇メートル、全体の残り五〇パーセント)の青石による改修も行い、上堰・下堰とも全面的に改修する。その際には下堰右岸の堰高の切り下げも行う。これによって第十堰の歴史的景観が復元するとともに、より大きな治水上、環境上の効果が実現される。

大熊氏によると、江戸時代の治水は一挙にすべての工事を行うのではなく、様子を見ながら少しずつ進められることが一般的であり、このような方法を「見試し」と呼んだそうである。上記のようにまず①か②を実施するという考え方は、この見試しに倣っている。

③の全面改修をした場合でも、その事業費（七二億円）は可動堰建設の一〇四〇億円をはるかに下回っており、年間維持費もほとんど必要としない。本書の第一章ですでに紹介したように、全面補修が実現した場合の第十堰の姿はCGで描かれている（**資料4**）。このように青石組の美しい姿が再現され、一〇〇〇年技術として後世に伝えられていくとすれば、第十堰が世界遺産に選ばれることも決して夢ではないであろう。

流域の森林整備

もう一つの研究の大きな柱である流域の森林整備（緑のダム）については、報告書は次のような提言を行っている。吉野川のような大きな川の流域全体について、緑のダムの効果が実証的に研究されたのはおそらく初めてであると思われる。

●基本理念

「河道主義」から「流域主義」へ転換し、吉野川の治水を流域の森林の治水機能を含めて考えることが本研究の基本理念である。

●流域の森林の変遷

吉野川の岩津（基本高水流量を算定する基準点）より上流の一一の集水域（降った雨が同じ川に流れ込む地域。別子、新宮、大森川、大橋、早明浦、穴内川、名頃、三縄、池田、明谷、岩津）について、森林の変遷を林業統計などに基づいて解析すると、一九六〇年代後半から七〇年代にかけては一斉拡大造林によって自然林（広葉樹林）がスギ・ヒノキの人工林（針葉樹林）に大きく転換し、八〇年代から九〇年代にかけて人工林は幼齢・若齢林から壮齢林に成長したが、現在（二〇〇〇年）では森林面積の六〇パーセントを占める人工林の手入れはきわめて不十分であり、放置されているものが四〇パーセントに及び、適正な間伐をしている森林は人工林全体の一パーセントに過ぎないことが明らかとなった。

●流域の森林の治水機能の変化

吉野川上流域の一九ヶ所の森林で三〇ミリの水が土壌に浸透するのに要する時間を調査したところ、前述のように、人工の針葉樹林では平均一分〇七秒であるのに対し、天然の広葉樹林では二七秒であった。これによると、人工林の土壌の浸透能（保水力）は自然林の五分の二にとどまっている。また、表層土壌の貯水能（貯水力）は自然林と比べて一〇パーセント低下すること、伐採跡地や幼齢林の浸透能は自然林の五分の一に低下することも明らかとなった。

この結果と各年代の樹種や林齢の構成に基づいて推計すると、流域の森林の平均浸透能は、森林の大半が自然林であった六〇年代初期にもっとも高かったが、人工林化された七〇年代から八〇年代初期にかけてはもっとも低く、九〇年代以降現在まではある程度回復したが六〇年代初期には及ばず、頭打ちとなっていると推察される。

●タンクモデルによる河川流出量の解析

タンクモデルの意味については本章で前述した通りである。吉野川上流の一一の集水域について、一九六〇年代から一九九〇年代までの降水量と河川流量の時間データから両者の関係を再現するタンクモデルを構成すると、第一タンクの係数（流出係数および第二タンクへの浸透係数）とその集水域の平均浸透能には密接な関係があり、流域の平均浸透能が高かった六〇年代と九〇年代は第一タンクの流出係数は小さく（逆に浸透係数は大きい）、平均浸透能がもっとも低かった七〇年代から八〇年代は第一タンクの流出係数は大きかった（逆に浸透係数は小さい）。

なお、第一タンクの係数値は流域の植生の変化の影響を受けるが、第二、第三タンクの計数値はその流域の地形、地質、形状によって影響を受けること、第二、第三タンクの計数値は同一流域では年代によって変化せず、一定であることも明らかとなった。

●一五〇年に一度の大雨の際の河川流量（基本高水）の予測

国土交通省（旧建設省）が一五〇年に一度の大雨の際の降水量とする値と、一一の集水域におけるタンクモデルを使って岩津基準点のピーク流量（基本高水）を算出すると、一九六一年モデルでは一八〇〇〇トン／秒、一九七四年モデルでは二二〇〇〇トン／秒、一九八二年モデルでは二〇六〇〇トン／秒、一九九九年モデルでは一九〇〇〇トン／秒となった（国土交通省は二四〇〇〇トン／秒としている）。これは、基本高水が流域の森林の状態によって変化し、森林の浸透能が高いほど基本高水を低く設定できることを意味している。

●適正な間伐による基本高水の減少

現地調査の結果によると、人工林を適正に間伐し、一ヘクタール当たり六〇〇本程度となるように整備すると、広葉樹が繁茂して土壌の浸透能と貯水能は自然林と同じ程度に向上することが判明した。二〇〇五年から二〇一五年までの一〇年間で流域の人工林の四〇パーセントを適正に間伐し、さらにその後二〇二五年までの一〇年間で残り六〇パーセントを適正に間伐するものとして、タンクモデルの係数を求めて一五〇年に一度の大雨の際の吉野川のピーク流量を算出すると、二〇二五年の基本高水は一八〇〇〇トン／秒（計画高水流量は一五〇〇〇トン／秒）、二〇三五年には一七〇〇〇トン／秒（同一四〇〇〇トン／秒）に減少することが予測される（国交省は現時点で基本高水を二四〇〇〇トン／秒、、計画高水流量を一八〇〇〇トン／秒としている）。

●森林整備事業（緑のダム建設）の費用について

吉野川流域の放置人工林の四〇パーセントを適正に間伐する費用は五三億円、残り六〇パーセントを適正に間伐する費用は一三〇億円と推定される。二〇年間で行うとすれば一年当たり九億二〇〇〇万円程度となる。ただし、この金額は他の間伐補助金などと合わせて地元への投資となり、森林整備は将来にわたって必要なので中山間地域の持続的振興につながる。

以上によると、現堰の補修費用（全面補修）は七二億円、間伐の費用（すべての放置林を対象）は一八三億円、合計二五五億円となり、可動堰の建設費用一〇四〇億円の四分の一程度で済むことになる。

第八章　可動堰完全中止へ

公共事業の見直し始まる

徳島で住民投票が行われたのは二〇〇〇年一月二三日であったが、早くもこの年の春には大規模公共事業の見直しが国政レベルで大きな争点となった。自民党は亀井静香政調会長直属の機関として「公共事業抜本見直し検討会」を設置し、検討会の座長である谷津義男政調会長代理らは八月一〇日に第十堰を視察した。一行は建設省徳島工事事務所の大平

吉野川中流の風景

一典所長から可動堰計画の説明を聞いた後、賛成、反対両派からも意見を聴取した。

その後、同月二一日には自民党の亀井静香政調会長を始めとする自民、公明、保守三党の政策責任者が第十堰を視察に訪れた。視察後、圓藤寿穂知事や賛成派の首長、経済団体関係者は亀井氏らと会談し、「現時点で可動堰の白紙撤回や中止を決めるのは納得できない」として、改めて計画推進を求めた。

しかし、この時点で検討会は計画を白紙撤回し、地域住民を中心に現在の第十堰に代わる治水・利水対策を検討し直すよう国と県に勧告する方針を既に固めていたとされている。亀井氏は徳島市内で記者会見を行い、地域住民の合意がない以上、計画見直しは避けられないとの考えを示し、さらに住民らによる代替案作りに期待感を示した。

亀井氏ら与党の政策責任者は、翌二二日には徳島から島根県へ直行し、中海干拓事業の視察へ向かった。そして二八日に与党三党は、「公共事業の抜本的見直しに関する三党合意」を発表する。これによると、①採択後五年以上経過して未だに着工していない事業、②完成予定を二〇年以上経過して完成に至っていない事業、③現在、休止(凍結)されている事業、④実施計画調査に着手後一〇年以上経過して採択されていない事業を見直すものとし、二三三件の事業が対象となった。吉野川第十堰改築事業については、「政府の現行計画を白紙に戻し、新河川法の趣旨にのっとり地元住民の意見を反映しつつ、洪水防止、水利用の観点から新たな計画を策定する」こと（その意味は完全中止ではないが、「白紙・凍結」であると理解されている）、中海本庄工区干拓事業については、「時代のニーズ・地域事情の変化等を勘案し、鋭意検討した結果、『中止』すべきであるとの結論に達した」ことが特に明記された。

この見直し案に対しては、既に事実上休止状態になっているものが多い反面で、熊本県の川辺川ダムや岐阜県の徳山ダムなどＮＧＯ（二一世紀環境委員会）が発表した「ムダな公共事業一〇〇選」に含まれる事業がほとんど対象とされていないことから、第十堰と中海干拓をアリバイ的に中止して他の事業の存続を図るものだという批判もあった。そうであるとしても、土建国家・土建政権の一角が崩れ始めたことは画期的な変化であった。

そして、この変化の背景には当時既に六〇〇兆円に達していた国と地方の借金の原因はムダな公共事業にあり、これに対して国民の批判がかつてないほど高まっていたという事実がある。公共事業見直しは緊急かつ不可避であったが、急速な変化が徳島の住民投票の直後に始まったことは決して偶然ではなく、むしろ住民投票が大きな契機となったことは疑いがないであろう。

市民派知事の誕生と挫折

与党三党が第十堰改築事業の白紙・凍結を打ち出し、全国で公共事業の見直しが始まったものの、建設省はなお「可動堰は否定されていない」という見解を表明していた。徳島県の圓藤知事らが可動堰の推進を求めていたことも前述の通りである。この時期には可動堰を建設する治水上の根拠は失われており、むしろ環境や財政に深刻な悪影響があることは周知の事実であった。だからこそ住民投票では反対票が九〇パーセントにも達していたのである。それにもかかわらず可動堰推進の立場をむしろ強めている圓藤知事の態度はまったく奇怪であった。可動堰を建設すると知事にはよほどの見返りがあるのではないかと思うのは下司の勘ぐりであるが、圓藤知事と土建業者の関係には下司だけでなく捜査当局も注目していた。

二〇〇二年三月、圓藤知事は収賄罪で逮捕された。県の公共事業の発注に際して口利きをし、国会議員の元秘書が設立したコンサルタント会社（業際都市開発研究所）から八〇〇〇万円の賄賂を受け取っていたのである。現職知事が逮捕、拘留され、徳島県民の県政に対する不信感は頂点に達した。

そこで、四月に行われた出直し知事選では住民投票の会のメンバーらが中心となって「勝手連」を結成し、元県議の大田正氏を擁立した。前回の二〇〇一年九月の知事選でも勝手連は大田氏を擁立していたが、そのときは現職の圓藤氏に及ばなかった。しかし、今回の選挙では県政の刷新を求める県民の声が追い風となり、保守派が擁立した女性候補を破って大田氏が当選を果たした。五月の連休明けに大田氏が県庁に初登庁したときは、居並ぶ県職員から花束を贈呈されるといういつもの光景ではなく、約一〇〇人の市民による「おおたコール」で迎えられ、市民派知事の誕生を印象づけた。

選挙戦で大田知事は、吉野川可動堰の完全中止、徳島県が計画している徳島空港拡張事業とマリンピア沖洲第二期工事（徳島市沖洲の埋立事業）の凍結、そして前知事の不正を解明する調査委員会の設置を公約とした。

徳島空港拡張事業というのは、大型機も発着できるように滑走路を海へ向かって延長し、これに合わせて九八年に増改築したばかりのターミナルビルも移転させるというものである。徳島空港の旅客数は低迷しており、二〇〇三年四月には全日空が撤退を決め、代わりに参入したスカイマークも後に撤退し、客観的に見ればとても大型機の就航が見込まれるような状況ではなかった。さらに、延長する滑走路の周辺を埋め立てて廃棄物処理場や下水処理場を建設し、月見が丘海水浴場として親しまれていた海岸も埋め立てて海浜公園にするというのである。事業費は九八〇億円で、可動堰建設の一〇四〇億円とあまり変わらない。可動堰の陰で同じように必要性の疑わしい事業が進行していたのである。

海を埋め立てて廃棄物処分場にするというのもきわめて安易な発想だ。他の自治体も同じことを始めたら日本中の海岸が廃棄物で埋め立てられてしまうだろう。貴重な自然海岸をわざわざ埋め立てて海浜公園にするというのもにわかには信じ難い。このあたりの海域では、瀬戸内海環境保全特別措置法により、都道府県知事は埋立免許に際して瀬戸内海の特殊性に対して特別な配慮をしなければならないとされている（一三条一項）。それなのになぜ埋立てが認められたのかと疑問に思われる読者も多いであろうが、徳島県が申請した埋立てを許可する権限を有するのは圓藤知事なのである。これも前述の「猫にカツオ節の番をさせるシステム」の最たるものといえるかも知れない。このような制度の不備を改めるためには、事業の計画段階で事業の必要性や環境への影響を評価する手続(戦略的環境アセスメント)をとり入れるべきであろう。

大田知事は公約に従い、五月の就任後すぐに工事が始まっていた徳島空港拡張事業の中止命令を出した。二週間の一時中止で影響を見極め、その後凍結するというのが知事の意向であった。中止命令が出されると、議会軽視だとして議員たちの猛反発が始まった。さらに県土整備部は、事業を継続した場合の県費負担は一五一億円だが、中止すると二三〇億円になり、事業を中止するとかえって県の出費が増えるという奇妙な試算結果を発表した。県議会は空港問題をめぐって紛糾し、結局、大田知事は六月初旬には工事の再開を指示する。これによって空港拡張事業の見直しという公約はわずか一か月で事実上撤回されることとなった。

この頃、長野県では二〇〇〇年一〇月に田中康夫知事が当選し、「脱ダム宣言」を発表して公共事業の見直しを進めていた。その結果、議会とのあつれきが生じて二〇〇二年七月に議会は知事の不信任を決議したが、失職した田中知事は次の選挙に立候補し、九月には大差で再選された。そこで筆者は姫野さんから依頼を受け、田中知事が長野県民から支持されている理由を調査するために長野県庁を訪れた。田中知事が設置した政策秘書室の職員と面談していろいろと話を伺うと、田中知事の手法と大田知事の手法にはいくつかの大きな違いがあることが明らかになった。

例えば、その一つは田中知事はぶれることなく自らの考えを主張し、しかもすべてをオープンにして県議会で議論しているため、知事と議会の政策の違いが県民にもよく分かったことである。県民は両者の主張を聞いた上で知事の考えを支持したのである。これに対して大田知事は結果的にすぐに工事を再開してしまったように政策にぶれが見られ、どちらかといえば従来型の根回し的な手法にも頼っていた。そのため県民には知事と議会の政策の違いが伝わりにくい面があった。

もう一つは、田中知事は人事権を行使して自らの政策に協力する職員を登用したことである。政策秘書室の設置もその一環であった。これに対して大田知事は人事にはほとんど手を付けず、役所内部の序列と慣行をそのまま受け容れた。これは大田知事自身が語っていたことであるが、その結果として知事を取り囲む官僚機構は面従腹背となり、知事は孤立して公約を実現することもままならなかったのである。

このような違いは両知事の性格にも起因しており、また、大田知事は長年県議を務めていたので役所の慣行に理解があったという事情も影響していたと考えられる。いずれにしろ上記の二点を早く伝えようと思って徳島の姫野さんに電話をすると、姫野さんからは「大田さんは工事の再開を指示しちゃったんですよ」という残念そうな声が返ってきた。姫野さんは強力な専門家集団を組織し、県土整備部の奇妙な試算を覆す準備もできていた。しかし憔悴した大田知事は聞く耳を持たず、もはや手遅れであった。

その後も知事と議会の激しい確執が続き、徳島県議会は二〇〇三年三月二一日、大田知事の不信任を決議した。前年七月の田中康夫知事に対する長野県議会の不信任決議に続き、戦後三回目の知事に対する不信任決議である。大田知事は議会の解散をせずに失職し、五月一八日には知事選挙が行われた。その結果、自民党などが推薦する総務省出身の飯泉嘉門氏が八〇〇〇票の僅差で大田氏を破って当選を果たした。飯泉氏も住民投票の結果を尊重して可動堰に反対する立場を表明しており、この点では大田氏と違いがなかった。空港拡張事業見直しの公約を早々と撤回してしまった大田知事に対する県民の失望は大きく、やはりこれが最大の敗因であったと思われる。

わずか一一か月の在任期間であったが、大田県政の下では改革も確実に進められた。前知事の不正解明については公約通り汚職調査団が設置され、全容解明に向けて調査が始まった。マリンピア沖洲第二期工事については「マリンピア沖洲整備手法検討委員会」が設置され、本書第二章で紹介した「ダム堰の会」の代表だった徳島大学教授の中嶋信氏が委員長に就任して見直しを進め、全面埋立案(三五ヘクタール)は部分埋立案(一六・六ヘクタール)に修正された。失職後の選挙で大田氏は前回の一六万票から三万票以上上積みしており、改革を支持する声はむしろ増加していたのである。

それにもかかわらず不信任決議へと至ったのは、むしろ大田知事が不正の解明と公共事業の見直しに本気で取り組んだからであろう。当時の新聞では圓藤元知事が自分の選挙に際して複数の県議や首長に現金を渡した疑いがあることが報道されており、今後の調査の進展によってはさらに逮捕者が出て県政は混乱を極めるおそれがあった。不正と利権の中枢に切り込んだ大田知事は大きな脅威であり、知事が成果を上げる前に失職に追い込む必要があったというのが不信任の真相だったのではないだろうか。

なお、選挙については、市民グループは後にもう一度苦い経験をすることになる。住民投票のリーダーであり、みんなの会の代表でもあった姫野雅義さんは、二〇〇四年四月に行われた徳島市長選挙に立候補した。結果は対立候補となった元県議の原秀樹氏が当選、予想以上の差がついた敗北であった。

政治や政党からはいつも一定の距離を置いていた姫野さんが立候補を決意したことは筆者にもやや意外であった。姫野さんに立候補の理由を尋ねる機会はなかったが、おそらくは可動堰計画の完全中止がなかなか決まらない中で、自らが地元の代表として意見を発信する必要性を感じていたのであろう。また、そもそも住民投票は政治や行政を市民の手に取り戻すために行われたのであり、可動堰以外にも徳島には住民のために改革すべき問題が山積していた。姫野さんがそれらの改革も進めなければならないと考えていたことは当然であった。筆者は、知名度、行動力、人柄のいずれをとっても姫野さんの優位は明らかだと考え、今度は油断して応援にさえ行かなかった。

筆者の知る国会議員は、「選挙は理屈ではない。理屈抜きでとにかく自分に投票してくれる人を相当数確保しなければ当選はできない」と言っていたが、選挙では住民投票とはまったく異なる投票行動が行われるのだろう。住民投票では争点についての是非をかなり客観的に説明できるが、選挙では候補者が代表としてふさわしいことを客観的に説明するのはなかなか難しい。しかも選挙運動には様々な制限があり、市民が支持する候補者の政策を自由に訴えることには大きな制約がある。それだけに組織票も大きく作用するのだろう。市民派候補にはそもそも市民運動に対するアレルギーが不利に影響するという。

餅は餅屋と言うが、市民が求めた住民投票であれば餅屋は市民である。ところが選挙では餅屋はやはり政治家であり、政党である。市民が選挙に臨むときは、餅屋に学ぶことが必要であるようだ。

第十堰を除外する河川整備計画

一九九七（平成九）年に河川法が改正され、河川の適正な利用（利水）と流水の正常な機能の維持（治水）とともに、河川環境の整備と保全が河川法の目的として盛り込まれた（一条）。河川管理者は、管理を行う際に、社会資本整備審議会の意見を聴いて、その管理する河川について河川整備の基本となるべき方針（河川整備基本方針）を定めなければならない（一六条一項、三項）。さらに河川管理者は、河川整備基本方針に沿って当該河川の整備に関する計画（河川整備計画）を定めなければならない（一六条の二第一項）。

つまり、河川管理者はまず河川整備基本方針を定め、次にこの方針に沿って具体的な河川整備計画を定めることになる。河川整備計画を定める際には、「河川管理者は（中略）、必要があると認めるときは、公聴会の開催等関係住民の意見を反映させるために必要な措置を講じなければならない」（同条第四項）と規定され、初めて住民参加の規定が設けられた。もっとも、基本方針を定める際には住民の意見を聴くという規定がないので、整備計画の段階で意見を述べても「それはもう基本方針で決まっているから変えられない」と言われてしまう可能性があるが（例えば基本高水や計画高水流量など）、住民参加について明文の規定が設けられたこと自体は大きな前進である。

吉野川についても、改正された河川法に基づいて河川整備基本方針およびより具体的な河川整備計画が定められることになる。その時期は住民投票が行われた後であったので、みんなの会は投票結果が反映されるように策定の過程を見守っていた。

まず、基本方針が定められるが、その議論は社会資本整備審議会の河川分科会の中にある河川整備基本方針検討小委員会で行われる。みんなの会と吉野川シンポは二〇〇五年九月、小委員会宛にビジョン21の報告書を送付するとともに要望書を提出し、①第十堰については保全を明記すること、②基本高水は新たに決定し直すことを要請した。

①の根拠は、住民投票の結果に見られるように流域住民は第十堰の保全を望んでいること、計画高水流量が流れても計画高水位を越えないこと、第十堰は貴重な文化遺産であることである。②の

根拠は、既定の基本高水は森林の保水力がもっとも低かった一九七〇年代の流量に基づいて算定されたが、現在では保水力が改善されていること、既定の基本高水は一九五四年から一九七六年までの二三年間のデータを使用しているが、直近の三〇年間のデータを使用して精度を高めるべきであること、基本高水の検証には大正元年洪水の予測データが使用されているが、流量観測記録が残る期間のデータを使用すべきであることである。

会議は傍聴できるので、みんなの会は吉野川水系の基本方針が議論されるときには傍聴することにしていた。ところが会議の日程が公表されるのは直前になってからということが多く、筆者のように東京にいる者は何とかなったが、徳島の姫野さんたちにとっては日程の調整がたいへんであった。もっとも、せっかく傍聴しても前記の要望が配慮されることはなかった。

二〇〇五年一一月一八日に吉野川水系の河川整備基本方針が決定されたが、基本高水が見直されることはなく(二四〇〇〇トン／秒)、第十堰については、「治水上支障となる既設固定堰については、必要な対策を行い、計画規模の洪水を安全に流下させる」こととされた。可動堰建設こそ明記されなかったが、現在の第十堰を保全することはまったく言及されておらず、この表現はむしろ可動堰建設の可能性を温存するものであると受け止められた。国土交通省が基本方針の案を発表した際に、朝日新聞は「可動堰への未練を断て」とする社説を掲載して方針案を批判している(二〇〇五年九月二五日朝刊)。

河川整備基本方針が決定されると、次はこれに沿って河川整備計画が作られることになる。これに先だってみんなの会は二〇〇五年一二月七日に国土交通省河川局長と面談し、要請を行った。一時間にわたる局長と徳島市民の面談が実現したのは、後に内閣官房長官となる仙谷由人衆議院議員の仲介によるものである。徳島一区選出の仙谷氏にとって第十堰の問題は重要な関心事であり、面談にも終始同席されていた。

この日の面談でみんなの会の姫野さんらは、吉野川の河川整備計画を作る際には住民の意見を反映させるために流域委員会を設置すること、流域委員会の人選を公正なものとするために準備会を設置することを要望した。この時期には第二章で紹介した淀川流域委員会が設置されて精力的に活動しており、新しい河川整備のあり方を提言して社会的にも注目されていた。淀川流域委員会はまず準備会を設け、設立の前から流域住民に信頼される組織とするためにはどうすべきかを議論していた。みんなの会は、徳島でもこれに倣うことが必要と考えたのである。

これに対して渡辺和足《わたる》河川局長は、徹底した情報公開と住民参加の下で整備計画作りを進めると約束した。局長のあまりに明快な回答にむしろ市民の側が驚いたほどである。河川行政にも変化の兆しが見え始めているのだろうか。

もっとも、河川整備計画の作成は四国地方整備局長に委任されているため（河川法施行令五三条）、実際に計画を定めるのは四国地方整備局長である。そこで、みんなの会の姫野さんらは一二月二一日に高松にある四国地方整備局を訪れて要請を行った。筆者も東京から夜行列車で駆けつけて合流し、要請に立ち会った。

応対したのは、あの寅さんなら「おい青年！」と呼びかけそうな若手の職員である（寅さんのこの呼びかけには青年はかくあるべしという思いが込められているそうである）。姫野さんらは、徹底した情報公開と住民参加の下で吉野川の整備計画作りを進めるという渡辺河川局長のことばを伝えるとともに、流域委員会の設置を要望した。青年職員の反応は河川局長のように明快ではなく、何ともつかみどころがなかった。

その後、一向に具体的な動きがないのでみんなの会は何度か四国地整を訪れ、筆者も再び夜行列車に乗ってはるばる東京から出向くことになった。「整備計画作りはどのように進んでいるのですか」と尋ねると件の青年は「ちゃんとやっています」と言い、「住民参加はどのように行うのですか」と尋ねても「ちゃんとやります」と言うばかりである。『ちゃんと』では分からないから具体的に説明してください」と要望すると、青年は目を白黒させて黙ってしまう。

禅問答のような応答が続くうちに時間が経過し、二〇〇六年五月、四国地方整備局は唐突に吉野川河川整備計画の策定方針を発表した。その内容は、流域委員会は設置せず、国交省が任命した委員による有識者会議を設けて専門家の意見を聴き、これに基づいて整備計画を作るというものであった。つまり、第三章で見た審議委員会と同じような官製審議会を設置して議論を進めるというのである。官製審議会（審議委員会）の答申が住民の理解を得られなかったことは、住民投票が行われる直接の契機となった。また同じことを繰り返そうとしている現地の国の役所は、一〇年前と何も変わっていないかのようだった。

前述のように、河川局長は徹底した情報公開と住民参加の下で計画作りを進めると約束していた。ところが、発表までの間に「ちゃんとやります」という以外に経過説明や情報公開はまったくなかった。少なくともこの段階では、四国地方整備局は河川局長の約束を完全に無視したのである。

そして、この策定方針は第十堰に関する対策は除外し、吉野川の他の区間についてのみ河川整備計画を策定するとして、第十堰については問題を先送りしてしまった。河川整備計画は、本来は流域全体の問題として考えるべきものである。実際に徳島市で住民投票を行うときも、議会や行政は「吉野川全体の問題を一地域の住民投票で決めることはおかしい」と批判していた。さらに、議会や行政は「住民の生命と財産を守るために、現在の第十堰を放置することは一刻も許されない」と主張してきたのだから、第十堰の整備に手を付けないというのは不可解なことである。もっとも、現状のままでも第十堰が原因で洪水が起こることはないという吉野川シンポの計算結果（本書第二章参照）を知って、国土交通省は安心していたのかも知れない。

結局、第十堰の問題を棚上げしたままこの方針に従って翌六月から検討作業が進められ、約三年後の二〇〇九年八月二八日に吉野川水系河川整備計画が策定された。内容を見ると、「本整備計画は、河川管理者である四国地方整備局長が河川法第一六条の二に基づき、吉野川水系河川整備基本方針に沿って吉野川の総合的な管理が確保できるよう、河川整備の目標及び実施に関する事項を定めるものです。(但し「抜本的な第十堰の対策のあり方」を除く)」として、第十堰の改修を除外したことを明記している。それはおかしなことではあるが、前述の経過から見れば当然の結果であった。

可動堰完全中止へ

以上のように、現時点では吉野川の河川整備計画が策定されたものの第十堰の改修は除外されており、第十堰については河川整備計画が存在していない。これは何を意味するのだろうか。

第一の可能性は、今は可動堰やムダな公共事業に対する批判が高まっているので第十堰改修を先送りしたが、国はほとぼりが冷めるのを待って再び可動堰を建設する機会を窺っているということである。九〇パーセントが可動堰NOとなった住民投票の結果、国と地方の借金が一〇〇〇兆円にも達する末期的な財政状況、これまでにない国民の環境への関心の高まり、そしてそもそも治水上の必要性がまったく認められないという事実の前では、今さら可動堰を建設するなどということが許されるはずはない。

しかし、あらゆる不条理と理不尽がまかり通るのが政治の世界である。河川官僚を見ても、環境や財政に配慮し、住民の意見を十分に反映させた河川整備を実施することこそが自らの使命であると考える「全体の奉仕者」が多数派なのか、それとも旧来の手法による既得権益を守り、予算と再就職先の確保を優先する「省益と私益の奉仕者」が多数派なのか、筆者はにわかに判断することができない。そうとすれば第一の可能性がゼロになったとはいえず、まだ油断はできないであろう。

第二の可能性は、第十堰の改修は流域住民だけでなく全国からも注目されている重要な問題なので、国はこれから公正に委員を選んで流域委員会を設置し、徹底した情報公開と住民参加の下で第十堰の改修を行うために慎重を期しているということである。日本の民主主義が正常に機能し、河川官僚の多数が前記の意味での「全体の奉仕者」であるとすれば、第二の可能性を探る以外に途はないはずである。

もし、ビジョン21が示した近自然工法（青石組）による第十堰の改修と流域の森林整備が実現し、成果を上げることができれば、吉野川の治水は全世界から注目され、第十堰は世界遺産に値する先人の遺構として広く知られることになるだろう。そのような河川整備を実施することは河川技術者にとって何よりも誇るべきことではないだろうか。

もちろんこの二つの間に位置する第三の可能性があることも考えられる。ただし、それは既得権益との妥協の産物ではなく、だれもが納得できる第十堰の改修方法を提示するものでなければならない。旧建設省は、可倒式の部分可動堰やゴム堰などの改修案を提案したことがあるが、これらは第十堰の撤去を前提とするものであり、住民投票で否定された可動堰に含まれるというべきである。

ゴム堰とは、上高地の大正池をせき止めている巨大なソーセージ状の物体のことなのだろうか。あの構造物は周囲の自然にそぐわず、いつもシュルレアリスム（超現実主義）の作品を見ているような感覚にとらわれる。あのような物体が吉野川にも出現することは、筆者としては願い下げである。

このうち、第一の可能性は二〇一〇年三月、公式に消滅した。二〇一〇年は徳島の住民投票からちょうど一〇年が経過した年である。一月二三日には徳島で約八〇〇人が集まり、一〇周年を期して改めてあの投票の意義を考えるイベントが行われた。その余韻もまだ冷めない三月二三日、みんなの会の姫野さんら徳島市民九名は、上京して前原誠司国土交通大臣と会談を行った。

その席上で前原大臣は「可動堰化は選択肢にない」と明言した。河川管理の最高責任者である国土交通大臣によって、可動堰計画の完全中止が宣言されたのである。ムダな公共事業の見直しは民主党政権の重要な公約の一つであり、前原大臣は八ッ場ダム建設見直しを表明して一歩も引かなかったが、その政治姿勢は第十堰についても決してぶれることはなかった。

三日後の三月二六日に前原大臣は、「可動堰は造らず第十堰を残す前提で治水対策をせよ、と河川局に指示した」と記者発表した。国家公務員法九八条一項は、「職員は、その職務を遂行するについて、法令に従い、且つ、上司の職務上の命令に忠実に従わなければならない」と規定している。河川局長および四国地方整備局長は、河川法一六条の二に従い、かつ、大臣の指示に忠実に従って、可動堰によらず、現堰の保全を前提とした第十堰の河川整備計画を早急に作成するべきである。

第九章　吉野川から未来の川へ

徳島の住民投票が意味するもの

本書では吉野川の可動堰計画が浮上してから完全中止となるまでの約一七年間の流れを追ってきた。この間に徳島市民は、まず可動堰問題を知るためにシンポジウムを開き、住民投票条例制定のための直接請求の署名収集を行い、議会が条例案を否決すると市議会議員選挙に候補者を立てて市議会の構成を逆転し、つい

吉野川上流の森

に住民投票を実現した。可動堰への反対票が九〇パーセントに達した後は、可動堰によらない吉野川の整備計画を市民の側から提案し、その実現を粘り強く働きかけてきた。その過程で国土交通大臣が可動堰計画の完全中止を表明したというのが現在の到達点である。

こうして振り返ってみると、徳島市民が一度動き出したら止まらないと思われていた大型公共事業を中止に追い込むまでには、数々のハードルを越えてきたことが改めて浮き彫りとなる。このことから筆者が痛感するのは、その地域のことをいちばんよく考えているのはその地域の人たちだという当たり前のことである。

可動堰は環境と財政に大きな負担をかけることが予想されていた。そうなればもっとも影響を受けるのは徳島市民である。環境と財政は現代の最も重要なキーワードであり、どちらも人間の生存の基盤である。徳島市民が真剣に可動堰の問題について考えたのは当然であろう。その結果として市民は可動堰建設に大きな問題点があることに気付き、多くのハードルを越えて必要な行動をとったのである。

その際に、徳島では住民投票を契機として可動堰について議論が行われ、住民投票の会のパンフレットなどによって市民に必要な情報が伝えられたことも見落とせない。正しい情報を提供すれば市民は的確に行動するのである。地域の重要課題を適切かつ公正に解決するためには、情報公開とより積極的な情報提供が決定的に重要である。もちろんここにいう情報とは住民が賛否両論を比較してどちらが合理的なのかを判断できるような情報であり、洪水の恐怖を煽って可動堰の必要性を一方的に強調するような情報ではない。一面的な情報をいくら提供しても住民の理解は得られず、むしろ不信感が増すことは本書でも見た通りである。

地域の住民がその地域のことをいちばんよく考えているとすれば、よりいっそう権限や財源を地方に委譲して地域住民の自己決定を可能にすることが必要である。ダム建設をめぐる紛争は各地で生じているが、河川管理について地域住民の自己決定を可能とし、紛争を防ぐための抜本的な方策は、一級河川の管理を全面的に都道府県に委譲して都道府県知事を管理者とすることである。

筆者が小学生の頃、給食のマーガリンの包装紙には日本地理に関するいろいろな知識が印刷されていたが、日本でいちばん長い川は信濃川だと書いてあった。その信濃川の流域は長野県と新潟県の二県だけである。洪水が起こるともっとも影響が大きいといわれている利根川でも、流域は支流を含めて群馬、埼玉、千葉、茨城、栃木と東京の六都県だけである。関係都府県が協議し、地域住民の意見を聴いて、各都道府県が必要と考える管理を行うことは十分に可能なはずである。

地域住民の意見を聴いた上で、他の政策に財源を使うよりもダムや可動堰を造ることが必要だと判断した地域はそうすればよいのである。その方が国の判断で必要性のないダムや堰を造り、後で都道府県がその費用負担を求められる今の制度よりはずっとよいだろう。国土交通大臣は、河川法を所管する大臣として、都道府県に対して法律が定める関与をすることができる（地方自治法二四五条以下)。これによって国は責任を果たすことができるはずである。

もう一つ、徳島の住民投票を振り返って痛感するのは、やはり第十堰の可動堰化はまったく必要のない公共事業だったということである。

可動堰建設の最大の理由は一五〇年に一度の大雨が降ると危険水位を四二センチメートル越えてしまうということだったが、第二章で詳しく見たように建設省の水位計算は誤っており、一五〇年に一度の大雨が降っても危険水位を超えることはないことが市民団体(吉野川シンポ)の計算によって証明された。この計算結果は、第十堰ができてから過去二五〇年の間に第十堰が原因で洪水が起こったことは一度もないという事実によって裏付けられている。

これには後日談がある。情報公開法が施行されて間もない二〇〇一年六月、吉野川シンポは旧建設省が行った模型実験のデータの公開を請求したところ、危険水位は超えないという結果が出ていたことが明らかになった。建設省が隠していた実験結果は、吉野川シンポの計算結果と一致していたのである。

なお、二〇一二年一二月の総選挙で安倍晋三首相の率いる自公政権が復活し、デフレ脱却、国土強靭化の名目の下に再び公共事業が推進されている。しかし、一九九〇年代以降の日本経済を振り返ると、一九九一年に二〇〇兆円程度だった国と地方の債務残高は二〇一二年には国の統計でも四倍の八〇〇兆円を超え、この間に建設国債の残高も一〇七兆円から二倍を超える約二四〇兆円に増加した。ところが、この間の日本の名目GDP（国内総生産）は、一九九一年に四七六兆円だったのに対して二〇一二年でも四七四兆円であり、ほとんど増加していない。この数値を見ると公共事業が景気に与える影響は限定的であるように思われる。そして、本書で見たように可動堰の治水上の効果はほとんどゼロなのであるから（利水はそもそも必要がない）、デフレ脱却や国土強靭化を名目として可動堰計画の復活を求める根拠は存在しないというべきである。

このように吉野川の可動堰建設はまったく必要のない事業であったことによると、日本には同じようにまったく必要のない公共事業が他にもたくさんあるのではないかと疑わざるを得ない。

例えば、前原前国土交通大臣が中止を表明した群馬県の八ッ場ダムは、主として利根川の治水のために必要だという理由で建設が進められてきた。利根川の基準点は群馬県の八斗島《やったじま》であるが、二〇〇〇年に一度の大雨による基本高水は二万二〇〇〇トン／秒、計画高水流量は一万六五〇〇トン／秒とされている（これらの用語の意味は第二章を参照していただきたい）。しかし、戦後最大となった一九九八年九月の大雨の際の流量は九二二〇トン／秒であり、この時の八ッ場ダム予定地近くの流量から八ッ場ダムによる水位低減効果を予測すると、最大でも一三センチメートル程度に過ぎないことが判明した。この時の水位は堤防の天端よりも四メートル下だったから、八ッ場ダムの洪水に対する効果はごくわずかである。しかも、実際の基本高水は一万六七五〇トン／秒程度と予想されている。二〇〇八年六月の政府答弁は、基本高水が流れたとしても八ッ場ダムによる水位低減効果はほとんどないことを認めたそうである。

さらに問題なのは、基本高水（二万二〇〇〇トン／秒）と計画高水流量（一万六五〇〇トン／秒）の差である五五〇〇トン／秒をどうするかということだ。計画では上流のダムでカットすることになるが、既設六ダムによるカット量は一〇〇〇トン／秒、八ッ場ダムが完成した場合のカット量は六〇〇トン／秒なので、あと三九〇〇トン／秒不足する。これをカットするためには八ッ場ダム相当のダムをさらに六基以上造らなければならないが、それは物理的にも財政的にも不可能である。つまり、現在の利根川では実現不可能な治水計画が営々と続けられているのだという。

水位低減効果がほとんどなく、しかも実現不可能な治水計画を前提とした八ッ場ダムの必要性はきわめて疑わしいという他はない。石原慎太郎前都知事を始めとする首都圏の知事たちは八ッ場ダム建設中止の撤回を求めているが、それならばこれらの疑問に対して説明責任を果たすべきである。

また、熊本県の川辺川ダムについては、土地改良事業で造成された農地に水が必要だとして計画されていたが、事業に同意した農家の署名の中には死者の署名などが含まれており、事業に必要な農家の三分の二以上の署名がないと裁判で判断され、土地改良事業は実施できなくなった。利水目的が消滅したので治水目的に焦点が移り、扇千景前国土交通大臣は国会で球磨川水系では豪雨による死者数が五四名にも達しているので早期建設が必要だと答弁したが、住民が調べてみるとこのうち増水による死者は一名だけで他はすべて土石流による死者であった。しかも川辺川水系の死者はすべてダム予定地よりも上流で亡くなっている。流域で本当に必要なのは、ダム建設ではなくて土石流対策なのである。

これらは筆者がたまたま知り得た例であるが、他にも各地で必要性のない事業が進められ、環境と財政に負担をかけていることは間違いないだろう。このような事態に直面している地域では、ぜひ徳島の例を思い起こしていただきたい。地域のことをもっとも真剣に考えることができるのはその地域の住民であり、正しい情報を提供すれば住民は必ず的確に行動する。そして、住民投票などの手法を効果的に活用すれば、ムダな事業を止めて本当に地域の人々に必要な川づくり、まちづくりにつなげていくことができるのである。

住民投票の課題

徳島の例でも明らかなように、住民の意思と議会や行政の意思との間にギャップが生じて間接民主制が機能不全に陥ったときに、住民投票はこれを是正する方法としてきわめて有効である。それだけに議会や行政は自分たちの権限を制約するものとして住民投票を好ましく思わない傾向がある。その結果、投票の実施に必要な住民投票条例は否決されることが多く、投票の実施はきわめて困難だという問題がある。徳島でも有権者の半数が求めた条例案を市議会は否決し、次の選挙で市議会の構成が逆転して住民投票賛成派が多数となったが、さらに議会の抵抗があったことは本書で見た通りである。

現在、筆者が代表を務めている「国民投票／住民投票情報室」のホームページには「住民投票の実施・拒否の動き」というデータがあるが、二〇〇八年には住民投票の実施が求められた件数が一〇〇〇件を越えている。この時点で筆者が調べたところ、一九九六年から二〇〇七年までの間に行われた住民投票は三八五件あったが、このうちの三六九件（九五・九パーセント）は市町村合併に関するものであり、合併以外の地域の重要争点に関するもの（以下「重要争点型」という）は一六件（四・一パーセント）に過ぎなかった。二〇〇二年以降住民投票の件数は激増したが、その大半は国策として進められた合併の是非を問うものである。

住民投票条例の議決状況を見ると、一九七九年以降二〇〇七年末までの間に住民投票条例が可決された件数は四七〇件あるが、合併に関するものが四一五件（八八・三パーセント）を占め、合併以外の争点に関するものは五五件（一一・七パーセント）である。この五五件のうち、後述の「常設型住民投票条例」が可決されたものが三一件（六・六パーセント）あるので、合併以外の重要争点型は二四件（五・一パーセント）のみである。

合併の住民投票条例の可決状況は四一五勝（可決）三八二敗（否決）なので可決率は五二・〇パーセントであるが、それでも約半数は否決されていることになる。合併以外の重要争点型の条例に至っては、可決状況は二四勝一五三敗で可決率は一三・四パーセントに過ぎず、九割近く（八六・六パーセ

〈グラフ1〉実施された住民投票の対象（1996-2010年）

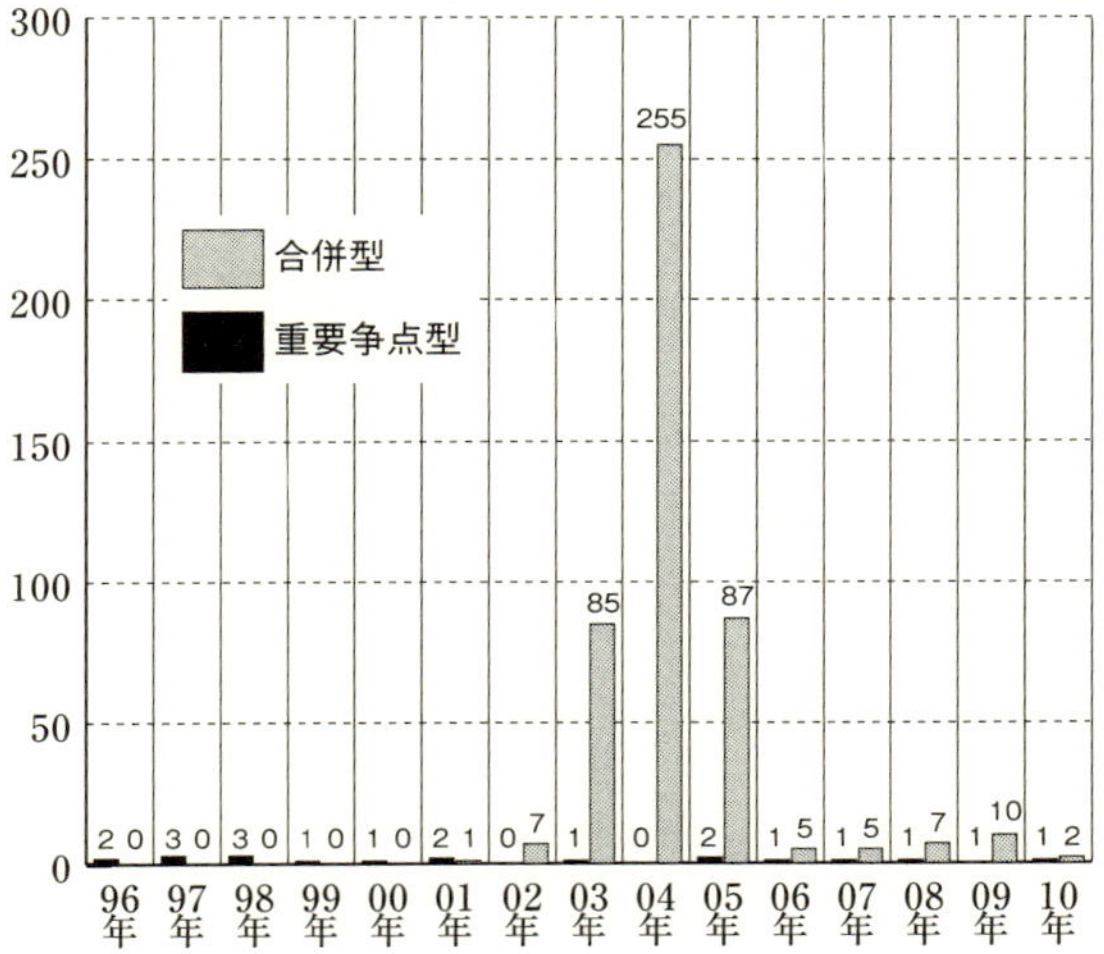

〈グラフ2〉制定された住民投票条例の内訳（1996-2007年）

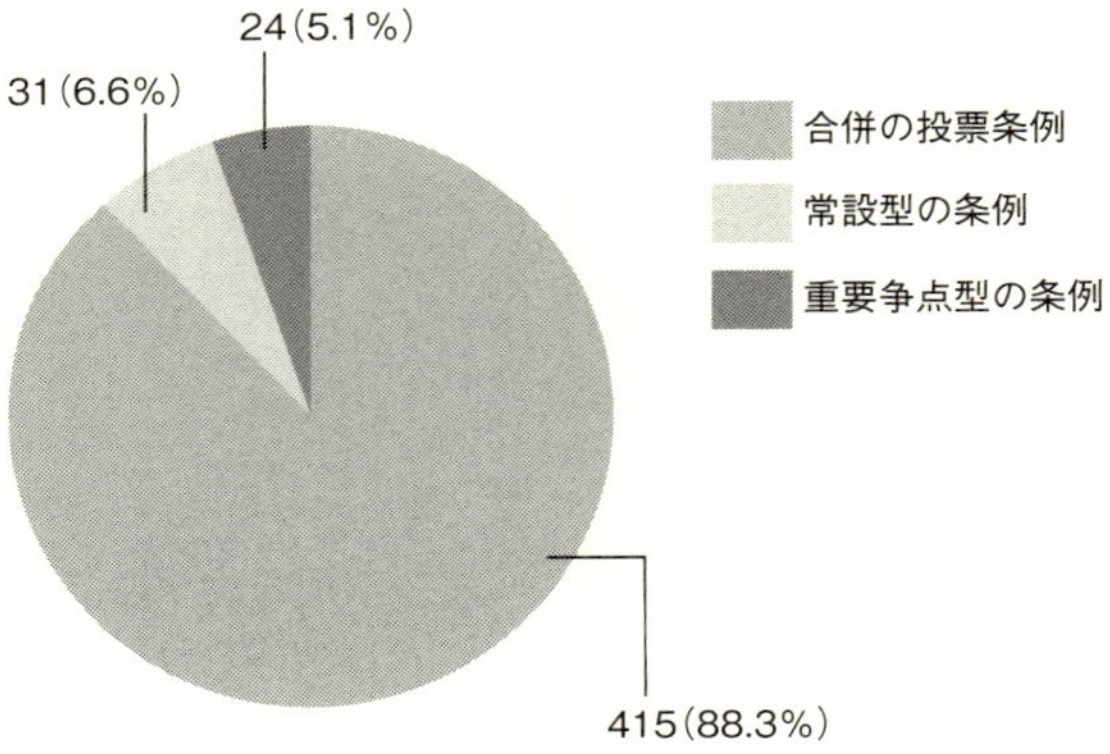

ント）が否決されている。この傾向はその後もそれほど変わっていないので（現在では全条例で五〇九勝五九五敗、重要争点型は二八勝一七八敗）、重要争点型の住民投票の実施がきわめて難しいことはデータによって裏付けられている。

そこで、住民投票を実施しやすくするためには、まず住民投票を法律で制度化して一定の署名数が集まった場合には必ず投票を実施できるようにするという対策が考えられる。しかし、法律が投票の対象を制限して国の事業を除外したり、署名数の要件を必要以上に厳しくしたりすると、「住民投票制限法」になってしまうという心配がある。

もう一つの対策は、「常設型住民投票条例」を制定し、条例で予め住民投票制度を設けておいて、一定の署名が集まった場合には必ず投票を実施するという方法である。二〇〇〇年の愛知県高浜市の条例を始めとして、前記のように二〇〇八年の時点で三一の自治体が常設型住民投票条例を制定している。

常設型条例を制定する場合も「住民投票制限条例」にならないように配慮が必要である。例えば、投票対象を制限し、「市の権限に属さない事項」などと規定すると国の事業であるダムや可動堰などは投票できなくなってしまう。そもそも対象を制限すると、だれが、いつ、投票の対象にならないと判断するのかという大問題が生じる。長がそれを判断するとしたら長に拒否権を認めたのと同じことになってしまい、常設型条例を制定する意味が失われることになりかねない。

これまでの各地の住民投票の要求は、いずれも住民が地域の重要問題を真剣に考えた結果として行われてきた。住民投票にふさわしくない問題に対して投票が求められることはあり得ないし、もしそのようなことがあったとしても、それが住民の常識に反するものであれば必要な署名が集まるはずはない。条例に基づく住民投票は結果に拘束力がないのであるから、この点から見ても対象を制限する必要はまったくないのである。

また、第六章で見たように、投票率による成立要件を設けるとボイコット運動が生じて住民投票の目的に反することになる。もしどうしても何らかの制限を設けるというのであれば、投票率ではなく、得票率によるべきである。例えば、「賛否いずれか過半数の票が、投票資格者総数の四分の一以上に達したときは、市長及び議会は投票結果を尊重しなければならない」というような規定にすれば、ボイコット運動は意味がなくなるだろう。

筆者はかつて常設型住民投票条例のモデル案を発表したことがある（「猫山市住民投票条例」地方自治職員研修臨時増刊号七一、二〇〇二年一一月）。この条例案は発案（条例案を提案する）と表決（ある争点の賛否を問う）の投票を備えていたが、現状では発案の投票制度が設けられる可能性は小さいので、本書の巻末に表決だけのモデル条例案を資料として収録した（「徳島市住民投票条例」）。各地の自治体で聞いた意見に基づいて議会も受け容れやすいように配慮してあるので、これから常設型住民投票条例を制定する自治体ではぜひ参考にしていただきたい（なお、猫山市と徳島市は架空の自治体である）。

ビジョン21の提案と河川管理責任

第七章で見たように、ビジョン21（吉野川流域ビジョン21委員会）は可動堰によらない吉野川の治水方法を提案した。その内容は、現在の第十堰の堰高を切り下げて青石組で補修すること(現堰の保全)、流域の森林を今後二〇年かけて適正間伐することによって保水力を高め、洪水時の吉野川の流量を下げること(流域の森林整備)を二つの柱としている。

この改修方法は、障害物を撤去し、できるだけ早く洪水を下流に流すというこれまでの治水の考え方とはかなり異なっている。このような整備方法をとることが、河川管理者の管理権限の行使として法律上問題がないかどうかを簡単に検討しておきたい。

前章で見たように、河川法によると河川管理者はまず水系ごとに河川整備基本方針を定め、これに基づいて具体的な河川整備計画を定めるものとされている（一六条一項、一六条の二第一項）。では、ビジョン21の提案に基づいて吉野川の河川整備計画を定めることは違法となるであろうか。行政機関の行為のうち、政策的・専門的判断が必要な行為を裁量行為といい、裁量行為は社会通念上著しく不合理であり、裁量権の逸脱・濫用がある場合に限って違法となる。河川整備基本方針や河川整備計画を定める際には河川管理者の政策的・専門的判断が必要であるから、これらを定める行為は裁量行為である。よって、どのような内容とするかは河川管理者の裁量に委ねられており、それが社会通念上著しく不合理であって裁量権の逸脱・濫用に当たるのでない限りは違法とはならない。ビジョン21の提案に基づいて河川整備計画を定めたとしても、それが社会通念上著しく不合理であって違法であるとはとうていいえないであろう。

なお、河川管理施設等構造令(政令)三七条は、固定堰を河川の流下断面(流水の流下に有効な河川の横断面)内に設けてはならないと規定している。固定堰である第十堰はこの規定に抵触するおそれがあるが、可動堰の技術が確立する前に築造された固定堰は少なからず存在しており(吉野川にも第十堰の他に柿原堰がある)、この規定は既存の固定堰の撤去までも義務付ける趣旨ではないと解される。また、同条は「ただし、山間狭窄部であることその他河川の状況、地形の状況等により治水上の支障がないと認められるとき、及び河床の状況により流下断面内に設けることがやむを得ないと認められる場合において、治水上の機能の確保のため適切と認められる措置を講ずるときは、この限りでない」として、例外を認めている。現在でも第十堰の前後には計画高水流量が流れてもまだ2メートルの余裕がある堤防が整備されており、ビジョン21は堰高の切り下げも提案しているのであるから、現堰の改修が違法であるとは解されないであろう。

次に、国家賠償法二条一項は「道路、河川その他の公の営造物の設置又は管理の瑕疵(かし)があったために他人に損害を生じたときは、国又は公共団体は、これを賠償する責めに任ずる。」と規定しているので、もしビジョン21の提案に沿った河川整備をした後に洪水被害が発生した場合、河川管理の瑕疵があったとして国が損害賠償責任を負うかどうかが問題となる。

河川の管理責任については、大東水害訴訟の最高裁判決（昭和五九年一月二六日）が重要な先例となっている。同判決は、まず、治水事業には財政的、技術的、社会的制約があるから、河川の安全性は「河川の改修、整備の過程に対応するいわば過渡的な安全性をもって足りるものとせざるを得ない」とした。そして、管理の瑕疵の有無は、①「同種・同規模の河川の管理の一般水準及び社会通念に照らして是認しうる安全性を備えていると認められるかどうかを基準として判断」すると判示している。

さらに、多摩川水害訴訟の最高裁判決（平成二年一二月一三日）は、河川の備えるべき安全性は「改修、整備の段階に対応する安全性をもって足りる」（ここにいう段階的安全性とは前記の過渡的安全性とほぼ同じ意味であると解されている）とした上、改修工事が行われた改修済河川の安全性については、②改修計画に定められた「規模の洪水における流水の通常の作用から予測される災害の発生を防止するに足りる安全性をいう」と判示した。これは改修計画に定められた規模の洪水、つまり計画高水流量の範囲内の洪水に耐える安全性が必要だという意味である。せっかく改修工事をしたのだから、そのときに想定していた計画高水流量に耐える安全性が求められるのは当然のことであろう。

しかも、多摩川水害訴訟の最高裁判決は、計画高水流量以下で災害が発生すると直ちに管理に瑕疵があるとしたわけではなく、その災害の発生が予見できたかどうかを検討し、予見できた場合にはそれが可能となった時点から災害発生時までの間に対策を講じることができたかどうかをさらに検討し、対策を講じることができたのに講じなかった場合に限って管理に瑕疵があるとしている。

　以上の最高裁判例によると、未改修河川には①の基準が適用され、改修済河川には②の基準が適用されることになる。ビジョン21の提案した改修計画が実施されれば第十堰付近の吉野川は改修済河川となるから、②の基準が適用される。

　そこで、計画高水流量（一九〇〇〇トン／秒）以下の流水によって災害が発生することが予見できるかどうかがどうかが問題となるが、たとえ計画高水流量が流れたとしても、第十堰付近では現在でも危険水位を超えることはなく、災害発生が予見できる状況ではないことは本書の第二章で検討した通りである。ましてビジョン21が提案した改修計画が完成すれば、第十堰の高さは切り下げられて治水安全度は向上する。しかも流域の森林整備によって洪水時の流量は低下することが予想され、さらに基本高水や計画高水流量そのものを引き下げることも予定しているのだから、計画高水流量以下の流水によって災害が発生する可能性はますます小さくなる。ビジョン21の提案に沿った改修計画が完成した段階において、そのような改修を行ったことを理由として吉野川の管理に瑕疵があると判断される可能性はほとんどないといえよう。

　管理に瑕疵があると判断されるとすれば、それは災害の発生が予見可能であり、財政的にも対処が可能であるのに放置した場合である。第十堰を原因とする災害の発生が予見される状況ではないのだから、可動堰を建設する予算があるのならば、中流域の堤防の整備や既存堤防の浸透（河川の流水や雨水が堤防内部にしみ込むこと）・震災対策、上流域の土石流対策などを優先すべきであろう。

ちなみに、現状でも第十堰の存在を理由として河川管理の瑕疵があると判断される可能性はきわめて低いと考えられる。二〇〇九年八月に定められた現在の吉野川の河川整備計画は第十堰の整備を除外しており、第十堰付近は河川整備計画が定められていないので、この部分は未改修河川に当たるようにも思われる。しかし、旧河川整備計画の下で堤防整備が進められ、現在では河口から中流の吉野川市付近（河口から約三〇キロメートル）までは堤防整備済区間とされている。第十堰付近を含めて堤防の浸透対策が必要とされているが、計画高水流量が流れても洪水を防ぐことができる高さの堤防が整備されているのだから、第十堰付近は基本的には改修済区間（またはこれと同視できる区間）に当たるといえるだろう。

そうとすれば前述の②の基準が適用され、計画高水流量に耐える安全性が必要であることになるが、現在でも計画高水流量の流水によって危険水位を超えることはなく、災害の発生が予見できる状況でないことは前述の通りである。流水等の浸透による災害の発生が予見されるのであれば、むしろ浸透対策を早急に講じるべきである。

仮に、第十堰付近が未改修河川に当たると判断されれば、前述の①の基準が適用される。この基準はあまり客観的でないので「雲をつかむような基準」と言われているが、現在の第十堰付近では前述のように堤防が整備されており、計画高水流量が流れても堤防には右岸では一・九七メートル、左岸では二・五四メートルの余裕があり（**資料5**参照）、災害発生の危険が予見されるような状況ではない。よって、同種・同規模の河川の管理水準に照らして是認しうる安全性を欠いているとはいえないはずである。災害が発生するとすれば、それは計画高水流量をはるかに超えるような想定外の洪水か、浸透や大震災による堤防の漏水・決壊が原因であろう。これらに対処するためには、通報・避難体制の確保や堤防の整備が必要であり、効果のない可動堰に予算を投じる方がむしろ河川管理者の裁量権の逸脱・濫用に当たるように思われる。

ところで、多摩川の水害は一部のみ可動式の固定堰が流水の妨げとなり、左岸方向に迂回流が発生して左岸の堤防が決壊したという事例であった。最高裁は国の責任を否定した原判決を破棄し、原審に差戻したことから、ある会合で「多摩川水害訴訟の最高裁判決は、固定堰は危険なので可動堰にすべきだと言っている」と発言する人がいた。この人は建設省の河川局の官僚だったが、関連団体に再就職していた人である。

しかし、判決文を見ても最高裁はそのようなことを言っていない。差戻し後の控訴審では、国（控訴人）は危険性を除去するためには堰を全面改築して可動堰化するしかないが、財政的にみても可動堰化は不可能であったと主張した。これに対して判決（東京高裁平成四年一二月一七日）は次のように判断している。

「本件河川部分の危険を除去するためには、本件堰左岸取付部護岸の強化を図ることや本件堰固定部を切下げて流水の疎通をよくすること等の対策も充分考えられたのであるから、控訴人が主張するように本件堰の全面可動化を図るしか対策がなかったとは到底認められず、これを前提とする右主張は採用できない。」

本判決は河川管理の瑕疵を認定して国に損害賠償を命じたが、それは固定堰を放置したことを理由としているのではない。まして、固定堰を全面可動化しなければ安全を確保できないという国の主張を認めたわけではなく、むしろ明確に否定している。吉野川でも可動堰によらず、現在の第十堰を補修するという改修を行ったとしても、そのこと自体によって裁判所が河川管理の瑕疵を認定することはまずないであろう。

河川整備の公共性を考える

筆者は二〇〇五年六月、久留米大学で開催された水郷水都全国会議に出席した際に、ダム建設に揺れる熊本県の川辺川を訪れた。当時はまだ運行されていた寝台特急はやぶさで熊本へ行き、八代で「松浜軒」のお庭を眺め、肥薩線に乗り換えて球磨川沿いを遡上し、人吉駅でレンタカーを借りて五木村へ向かった。

梅雨の晴れ間の強い日射しを受けて輝く川辺川は、想像していたよりも広く深い谷の底を豪快に流れていた。しかし、ダム関連工事で造られた山腹を貫く道路は驚くほどよく整備されていて、山深い秘境へ向かっているという実感はほとんどない。途中には案内板があり、ダム予定地を見下ろすことができたが、本体工事がまったく手つかずだったこともあって、この豊かな清流をせき止めるダムが完成した姿を想像することは難しかった。たちまち五木村に着くと、ダムに沈む集落の代替地となった高台には立派な村役場と大きな住宅が建ち並び、都市近郊のニュータウンのような光景が広がっていた。

この五木村の「ニュータウン」には人吉から食料品などを販売するトラックが通って来る。川沿いの旧集落には商店があったが、今は無くなってしまったので買い物はこのトラックが頼りだという。かつての集落ではだいたい歩いて用が足せた

川辺川ダム建設による代替地で住民の生命線となっている行商トラック。藤田順三氏提供

が、代替地は広いので車のない高齢者は移動がままならない。そこでこのトラックは頼まれると高齢者を役場などへ乗せていくそうである。このトラックはまさに住民の生命線となっている。

川辺川ダムは、事業費二六五〇億円のうち八〇パーセントに当たる二一〇七億円が既に支出されたが、二〇〇八年九月に蒲島郁夫熊本県知事が白紙撤回を求め、本体工事が始まらないうちに中止となった。つまり、霞ヶ関の中央官庁で錚々《そうそう》たる委員が審議し、国が巨費を投じて実施してきたダム事業は、結果的に必要のない事業だったのである。地元の人たちは長年にわたって翻弄された後、住み慣れた集落を離れて買い物や移動にも不自由な生活を送っており、そして一台の行商のトラックが物資を運び、移動の足となって住民の生活を支えている。

この話を知って筆者は衝撃を受けた。国が行ってきたダム事業とこの行商のトラックでは、いったいどちらが公共性が高いのだろうか。巨額の税金を投じ、山や谷を削って進められたダム事業は結果的に住民にとって不要と判断されたが、行商のトラックは住民の生活に不可欠な生命線となっている。そうとすればトラックの方がはるかに公共性が高いということになるが、これはおそらくだれが考えてもおかしなことである。

おかしなことは改めなければならないが、実はそれはさほど難しいことではないはずだ。この行商のトラックの公共性がダム事業より高いのは、住民にとって本当に必要なサービスを提供しているからである。それならば住民にとって本当に必要な事業に税金を使い、必要でない事業には使わないようにすればよい。自分の生活にとって何が本当に必要な事業なのかは、正しく情報が提供されれば住民はだれでも判断できるだろう。

徳島の住民投票はそのことを如実に示している。可動堰を建設する治水上の必要性はまったくなく、むしろ環境と財政に大きな負担をかけることは明らかであった。徳島市民はこれらの問題点に関する情報を収集し、すべての市民に提供した。その結果、徳島市民は可動堰建設は自分たちの生活に必要のない事業だと判断し、住民投票で九〇パーセントの人々が反対票を投じたのである。

それでは何が本当に住民の生活に必要な事業なのだろうか。本書を執筆中の二〇一一年三月一一日、東日本大震災が発生して福島第一原子力発電所は深刻な事態が続いている。絶対安全といわれていた原子力発電所で現実に大事故が発生し、原子炉は人間の手ではコントロールできなくなって大量の放射性物質が外部に流出した。周囲に住んでいた人々は避難を余儀なくされ、農業や畜産業、漁業にも深刻な影響が生じて生活の基盤が揺らいでいる。

筆者には、原発の周囲の人々と五木村の人々の姿には重なるところがあるように思われてならない。これらの人々が必要としていることは同じであり、それは住み慣れた土地に住み続けること、農作物や家畜、魚類が健やかに育つこと、雇用や事業が安定すること、事故や病気、老後に備えたセイフティネットが用意されること、つまり安心な暮らしが継続することではないだろうか。

ダムや原発などの巨大事業は地域に一時的な経済効果をもたらせるとしても、交付金に依存する体質を強めて地域の自立を妨げたり、従来の地域社会を変容させて生活の基盤を大きく損なうおそれがあり、安心な暮らしの継続を保障するものではないように思われる。そうであるとしても、巨大事業の予定地とされた地域はそれを受け容れるかどうかの選択を迫られることになる。ダムや原発に限らず巨大事業を実施するかどうかは、「する」か「しない」かの二者択一の政策決定である。そのときにだれかが確実な判断をしてくれればよいが、不要なダムを必要と判断したり、大きな災厄を生じている原発を安全と判断した議会や行政は甚だ心許ない。

そこで主権者である住民は自ら判断するために住民投票を求めることになるが、その地域の問題をもっとも真剣に考えることができるのはやはりそこに住む住民なのである（住民が判断するのは原発の安全性やダムの必要性そのものではなく、それを受け容れるかどうかという地域の問題である）。それは徳島を始めとして各地で行われた住民投票の経過を見れば明らかであるが、正しく判断しなければ後でいちばん困るのは住民だという功利主義的な観点からも理解することができるだろう。

本書で見てきたように、住民投票は住民の自己決定のために効果的な制度である。しかし、住民投票によって住民がすべてのことを自分たちで判断することはできないことも明らかである。やはり選挙で代表を選ぶのはきわめて重要なことであり、選挙に勝る民主主義の制度はまだ発明されていないのである。住民投票はかならずも代表民主制の重要性を改めて私たちに思い起こさせている。このことも忘れてはならないだろう。

徳島市住民投票条例（案）

（目的）

第一条　この条例は、徳島市における住民投票手続きを設けることにより、住民参加を促進し、もって市政に市民の意見を的確に反映させることを目的とする。

（投票資格者）

第二条　①住民投票において投票を行う資格を有する者を投票資格者とする。

②投票資格者は、次の各号のいずれかに該当する者であって、第五条に定める投票資格者名簿に登録された者とする。

（一）公職選挙法（昭和二五年法律第一〇〇号）第九条第二項の規定により、徳島市の議会の議員及び市長の選挙権を有する者

（二）第八条第二項の告示の前日において、引き続き三か月以上徳島市に住所を有する年齢満一八歳以上の者（前号に該当する者を除き、日本国籍を有する者に限る。）

（三）第八条第二項の告示の日の前日において、引き続き三箇月以上徳島市に住所を有する年齢満一八歳以上の永住外国人

③前項第二号の規定において「永住外国人」とは、次の各号のいずれかに該当する者をいう。
(一)出入国管理及び難民認定法(昭和二六年政令第三一九号)第二二条第二項による永住許可を受けた永住者
(二)日本国との平和条約に基づき日本の国籍を離脱した者等の出入国管理に関する特例法(平成三年法律第七一号)第四条第一項による特別永住許可を受けた特別永住者
(住民投票の執行)
第三条　住民投票は、市長が執行する。
(投票資格者名簿)
第四条　①市長は、投票資格者名簿を調製しなければならない。
②第二条第一項に規定する投票資格者の登録は、第一〇条第二項の告示の日において本市の選挙人名簿(公職選挙法(昭和二五年法律第一〇〇号)第一九条に規定する名簿をいう。)に登録されている者及び告示の日の前日において選挙人名簿に登録される資格を有する者について行う。
③第二条第二項第二号に規定する投票資格者の登録は、第八条第二項の告示の日において、本市の住民基本台帳(住民基本台帳法(昭和四二年法律第八一号)第五条に規定する住民基本台帳をいう。)に登録されている者について行う。

④第二条第二項第三号に規定する投票資格者の登録は、第八条第二項の告示の日の前日において、外国人登録法(昭和二七年法律第一二五号)第四条第一項に規定する外国人等録原票に登録されている居住地が引き続き三箇月以上にわたり徳島市である者であって、規則の定めるところにより市長に登録を申請した者について行う。

(住民投票の発議)

第五条　①投票資格者は、徳島市の市政に関する事項(法律の規定により住民投票をすることができる事項を除く。)について、その一〇分の一以上の連署をもって、市長に対し、文書で住民投票の実施を請求することができる。

②前項の規定に基づく署名収集は、地方自治法(昭和二二年法律第六七号)第七四条第五項から第七項、第七四条の二及び第七四条の三の例による。この場合において、地方自治法の規定中「条例の制定改廃の請求者」とあるのは「住民投票の請求者」と、「選挙権を有する者」とあるのは「投票資格者」と、「選挙人名簿」とあるのは「投票資格者名簿」と読み替える。

(投票)

第六条　①住民投票に付託する事項は、二者択一で賛否を問うものとし、かつ、住民が容易に内容を理解できるように設問を設定しなければならない。

②前条第一項の規定により住民投票の請求があったときは、市長は当該事案を投票資格者の投

票に付さなければならない。

（投票結果の尊重）

第七条　市議会及び市長は、住民投票の賛否いずれか過半数の結果を尊重しなければならない。

（住民投票の投票日）

第八条　①住民投票の投票日は、第七条の請求があった日から三箇月以上が経過し六箇月を超えない期間内の日曜日とする。
②市長は、投票日の七日前までにこれを告示しなければならない。
（投票所における投票）
第九条　①投票資格者は、投票日に自ら住民投票を行う場所に行き、投票資格者名簿又はその抄本の対象を経て、投票しなければならない。
②住民投票は、一人一票とする。
③投票は、秘密投票とする。
（投票の方式）
第一〇条　①投票資格者は、設問に賛成するときは投票用紙の賛成欄に、反対するときは投票用紙の反対欄に自ら〇の記号を記載し、投票箱に入れなければならない。
②前条第一項及び前項の規定にかかわらず、身体の故障などの理由により、自ら投票所に行く

ことができない者又は自ら○の記号を記載できない者若しくは自ら投票用紙を投票箱に入れることができない者は、規則の定めるところによって投票することができる。

（投票の効力）

第一一条　①投票の効力の決定に際しては、次項の規定に反しない限りにおいて、投票した者の意思が明白であれば、その投票を有効とする。

②次の各号のいずれかに該当する投票は、無効とする。

（一）所定の投票用紙を用いないもの

（二）○の記号を投票用紙の賛成欄及び反対欄のいずれにも記載したもの

（三）○の記号を投票用紙の賛成欄又は反対欄のいずれに記載したのか判別し　難いもの

（情報の提供）

第一二条　①市長は、市民が賛否を判断するのに必要な広報活動を行うとともに、情報の提供に務めなければならない。

②前項の広報活動及び情報の提供に際しては、争点についての賛否両論を公平に扱わなければならない。

（投票運動）

第一三条　住民投票に関する投票運動は、自由とする。ただし、買収、脅迫等により市民の自由な意思が制約され、又は不当に干渉されるものであってはならない。
(投票及び開票)
第一四条　投票所、投票時間、投票立会人、代理投票、不在者投票その他住民投票の投票及び開票に関しては、公職選挙法及び公職選挙法施行規則(昭和二五年総理府令第一三号)の例に準じて規則で定める。
(投票結果の告示)
第一五条　市長は、投票結果が確定したときは、速やかにこれを告示するとともに、市議会議長に通知しなければならない。
(委任)
第一六条　この条例の施行に関して必要な事項は、規則で定める。
附則　　この条例は、公布の日から施行する。

主な参考文献

『吉野川事典1　四国のいのち』とくしま地域政策研究所編(農文協)一九九九年

『図解公共事業のウラもオモテもわかる』五十嵐敬喜・小川明雄著（東洋経済新報社）二〇〇二年
『吉野川可動堰計画に代わる第十堰保全事業案と森林整備事業案の研究報告書』吉野川流域ビジョン21委員会編（吉野川みんなの会）二〇〇四年

おわりに

本書では徳島市の住民投票を中心として、およそ一七年にわたる徳島市民の取り組みを追ってきた。その最後に改めて住民投票とは何かという基本的な問題に立ち返ると、それは「住民が賛否両論に耳を傾け、より説得的な意見に一票を投じる制度」ということに尽きるのではないだろうか。

住民投票を行う際には争点に対して住民が自らの意見を形成し、それが投票結果に正しく反映されることがもっとも重要である。一方の意見が示されただけでは住民は判断のしようがないから、住民が自らの意見を形成するためには賛否両論について公平な情報の提供が行われることが必要である。住民の一人ひとりが賛否両論を比較し、より説得的な意見に一票を投じることにより、住民投票はその本来の機能を果たすことができるのである。

徳島では可動堰建設を推進する旧建設省とこれに疑問を持つ市民グループが同じテーブルに着いて議論を交わしたことにより、賛否両論の根拠が明らかとなった。その内容は住民投票の会の資料などによって市民に周知され、徳島市民は可動堰不要論の方が説得的であると判断したのである。

推進派と反対派が同じテーブルで議論する「徳島方式」は、住民投票に限らず、あらゆる合意形成の際に参考になるであろう。

そして、住民投票が本来の機能を発揮するためには、住民の関心が高まり、住民の中から投票の実施を求める声がわき上がることが重要である。そもそも住民の関心が高まらなければ、住民が賛否両論に耳を傾けたり、自らの意見を形成することは期待できないであろう。徳島では条例制定の直接請求を通して住民の関心が高まり、有権者の半数の署名が集まったが、このことが投票を実現し、可動堰計画に民意を反映させる原動力となったことは明らかである。

争点に対する住民の関心が高まって住民投票の実施を求める声が大きくなり、賛否両論について公平な情報の提供が行われれば、住民は必ず的確な判断を行うはずである。その地域の問題をもっとも真剣に考えることができるのは、そこに住む人たちだからである。仮に判断を誤ることがあったとしてもそれは自己責任であり、議会や行政の誤った判断の責任を負わされるよりは納得がゆくのではないだろうか。

徳島市民の一七年にわたる取り組みの中には、住民投票制度そのものだけでなく、川づくりや街づくり、ひいては住民参加や民主主義のあり方を考えるための様々な手がかりが含まれている。読者の皆さんはそれぞれの立場や関心から本書を手に取られたことであろうが、本書から何かを汲み取っていただくことができたとすれば、筆者としてはたいへんに幸いである。

本書の最後に、たいへん残念なお知らせをしなければならない。それは可動堰が完全中止となった二〇一〇年の十月四日のことだった。旧知の朝日新聞記者から電話があった。住民投票の会の代表だった姫野雅義さんが昨日釣りに行ったまま行方不明になっているという。徳島県南部の海部川の河原で姫野さんの車が発見されたが、連絡がとれないとのことだった。

心配ではあったが、川には慣れており、慎重な姫野さんのことだから、せいぜい藪の中で足を滑らせ、骨折でもして這い出してくるのに苦労している程度のことだろうと思っていた。ところが翌日も翌々日も姫野さんは見つからない。海部川には住民投票を手伝いに来たボランティアの人たちも集まり、数百人規模で捜索が行われた。

十月七日、海部川の河口から約七キロメートルの地点で姫野さんの遺体が発見された。何らかの原因で意識を失い、そのまま川に流されてしまったらしいということを後に奥様から伺った。三月に可動堰が完全中止となり、五月には役割を終えたみんなの会は解散したが、これからは吉野川の自然を楽しみ、流域の特産品を味わいながらまったく新しい視点で第十堰の保全と流域の森林整備を働きかけようとしていた矢先であった。まだ六三歳だった姫野さんはこれまでにも増して意欲にあふれていた。

筆者は、その週末には直接請求の代表者の一人だった河野満里子さんらと海部川を訪れた。姫野さんの車のあった河原へ降りると、流れは緩やかで危険な場所とは思えなかった。ここで姫野さんは流されてしまったのだとことさら自分に言い聞かせていなければ、何でここに来たのかということも忘れてしまうほど姫野さんの逝去は実感がなかった。

十一月三日には徳島市内で姫野さんのお別れ会が開かれ、全国から約八〇〇人が集まった。親しい人たちの送る言葉を聞いていても、まだ姫野さんがいなくなってしまったという実感はなかった。

それから間もなく、姫野さんの思い出とともに住民投票の記録をまとめておく必要があるのではないかということになり、本書の出版が企画された。執筆を引き受けて実際に書き進めていると、ますます姫野さんがいなくなってしまったという実感は遠ざかり、精力的に活動していた姫野さんの姿や声までもが鮮やかに甦ってくる。

これはきっと姫野さんの類い稀なリーダーシップがまだ健在だからだろう。可動堰は中止になったが、第十堰の保全や森林整備はまだ始まっていない。姫野さんは、立場を問わず吉野川にかかわってきたすべての人たちに今でも呼びかけているのではないだろうか。

「吉野川の未来のために新しい一歩を踏み出しませんか。」

そんな姫野さんの声が聞こえてくるのは、きっと筆者だけではないだろう。

本書の最後で姫野さんを追悼するつもりだったが、右に述べたような事情でなかなか新しいことばが浮かばない。そこで、筆者が「国民投票／住民投票情報室」のホームページに寄せた追悼文を転載して姫野さんを送ることばとしたい。

山と川から姫野さんを悼む

徳島の住民投票から一〇年が過ぎて姫野さんが釣三昧の生活に戻ったように、私は長らく遠ざかっていた山歩きを再開した。北アルプスの稜線から夕陽を見ていると、吉野川の夕暮れを思い出すことがある。雄大な風景が刻一刻と繊細に変化していく自然の営みは、高山でも大河でも同じだからであろうか。

姫野さんを追想していて、住民投票を成功に導いた姫野さんの原動力は自然への畏敬だったのではないかということに気が付いた。徳島の住民投票を契機として大型公共事業が見直される時代が到来したことは明らかである。住民投票の日に途切れることなく投票所を訪れる市民を見ていると、日本の市民社会が新しい段階を迎えたことが実感できて感動的だった。姫野さんのリーダーシップはおそらく日本の民主主義を二〇年くらい前進させる成果を生んだのではないだろうか。いつも全体を見通し、決して人の悪口など言わず、坦々と的確な提案だけを打ち出すリーダーとしての資質も忘れることはできない。しかし、それは取って付けた論評であって、姫野さん自身にとっては今も第十堰の流れが絶えることなく続き、多くの生き物が暮らしていることが何よりも大切なのだろう。

先日、住民投票の会の仲間とともに姫野さんが逝った海部川の現場を訪ねると、そこにはあまりにも穏やかな風景があった。空は青く、山の緑は色濃く、そして水は上高地の梓川の清流を思わせるほど清らかだった。これから先も豊かな自然に出会うと、そこに姫野さんの面影が重なることだろう。その度に姫野さんの類い稀なリーダーシップを思い出し、自然や社会を考えるよすがとしたい。

本書の最後に、専門的な助言をいただいた新潟大学名誉教授の大熊孝先生、広島大学教授の中根周歩先生、数々の貴重な写真を提供してくださった写真家の村山嘉昭さん、本書の企画・編

姫野雅義さん

集に尽力いただいた日本出版ネットワークの藤田順三さん、出版を快諾してくださった東信堂の下田勝司社長、そして出版に向けてご協力をいただいた多くの方々にお礼を申し上げたい。

二〇一三年七月

た

な

索引

著者紹介

武田　真一郎（たけだ しんいちろう）

1959年東京生まれ
成蹊大学大学院法学政治学研究科博士後期課程修了（法学博士）
徳島大学総合科学部助教授、愛知大学法学部助教授を経て、
現在は成蹊大学法科大学院教授
専門は行政法

主な論文

「住民投票法制化への視点」
「条例による住民投票の制度設計」
「吉野川可動堰住民投票」
「国家賠償における違法性と過失について」
「行政法における選択と裁量について」
「取消訴訟における「取消権」について」

吉野川住民投票——市民参加のレシピ

2013年9月30日　初　版　第1刷発行　〔検印省略〕

＊定価はカバーに表示してあります

著者 © 武田真一郎　発行者　下田勝司　印刷・製本　中央精版印刷

東京都文京区向丘1-20-6　郵便振替　00110-6-37828
〒113-0023　TEL 03-3818-5521（代）　FAX 03-3818-5514
発行所　株式会社 東信堂

http://www.toshindo-pub.com　E-Mail tk203444@fsinet.or.jp
Published by TOSHINDO PUBLISHING CO.,LTD.
1-20-6, Mukougaoka, Bunkyo-ku, Tokyo, 113-0023, Japan

ISBN978-4-7989-1192-2 C3031

東信堂

現代日本の地域分化—センサス等の市町村別集計に見る地域変動のダイナミックス　蓮見音彦　三八〇〇円

地域社会研究と社会学者群像—社会学としての闘争論の伝統　橋本和孝　五九〇〇円

「むつ小川原開発・核燃料サイクル施設問題」研究資料集　船橋晴俊・金山行孝・茅野恒秀 編著　一八〇〇〇円

組織の存立構造論と両義性論—社会学理論の重層的探究　舩橋晴俊　二五〇〇円

新版　新潟水俣病問題—加害と被害の社会学　飯島伸子・舩橋晴俊 編　三八〇〇円

新潟水俣病をめぐる制度・表象・地域　関　礼子　五六〇〇円

新潟水俣病問題の受容と克服　堀田恭子　四八〇〇円

公害被害放置の社会学—イタイイタイ病・カドミウム問題の歴史と現在　飯島伸子・渡辺伸一・藤川　賢 編　三六〇〇円

自立支援の実践知—阪神・淡路大震災と共同・市民社会　似田貝香門 編　三八〇〇円

〔改訂版〕ボランティア活動の論理—ボランタリズムとサブシステンス　西山志保　三六〇〇円

自立と支援の社会学—阪神大震災とボランティア　佐藤　恵　三二〇〇円

個人化する社会と行政の変容—情報、コミュニケーションによるガバナンスの展開　藤谷忠昭　三八〇〇円

〈大転換期と教育社会構造：地域社会変革の社会論的考察〉

第1巻　教育社会史—日本とイタリアと　小林　甫　七八〇〇円

第2巻　現代的教養Ⅰ—生活者生涯学習の地域的展開　小林　甫　六八〇〇円

第2巻　現代的教養Ⅱ—技術者生涯学習の生成と展望　小林　甫　六八〇〇円

第3巻　学習力変革—地域自治と社会構築　小林　甫　近刊

第4巻　社会共生力—東アジアと成人学習　小林　甫　近刊

ソーシャルキャピタルと生涯学習　J・フィールド　矢野裕俊監訳　三二〇〇円

コミュニティワークの教育的実践　高橋　満　二〇〇〇円

NPOの公共性と生涯学習のガバナンス　高橋　満　二八〇〇円

〈アーバン・ソーシャル・プランニングを考える〉（全2巻）

都市社会計画の思想と展開　橋本和孝・藤田弘夫・吉原直樹 編著　二三〇〇円

世界の都市社会計画—グローバル時代の都市社会計画　橋本和孝・藤田弘夫・吉原直樹 編著　二三〇〇円

〒113-0023　東京都文京区向丘 1-20-6　TEL 03-3818-5521　FAX03-3818-5514　振替 00110-6-37828
Email tk203444@fsinet.or.jp　URL:http://www.toshindo-pub.com/

※定価：表示価格（本体）＋税